科技小院丛书

科技小院
助推边疆地区乡村振兴

云南曼拉多年生稻科技小院纪实

胡凤益　黄光福◎主编

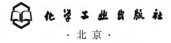

化学工业出版社

·北京·

内容简介

本书由长期驻扎科技小院的33位硕士研究生和博士研究生共同编写完成，记录了他们在科技小院期间开展的科技创新与社会服务的内心历程变化与感悟，他们用行动证明了自己的价值，也向农户、企业、政府部门展现了新时代农科研究生的风采。

本书适合有志于深入基层实践的在校青年大学生了解"三农"，也适用于高等教育从业者和研究者了解新形势下的农业院校人才培养新模式。

图书在版编目（CIP）数据

科技小院助推边疆地区乡村振兴：云南曼拉多年生稻科技小院纪实/胡凤益，黄光福主编. —北京：化学工业出版社，2022.6
（科技小院丛书）
ISBN 978-7-122-42321-4

Ⅰ.①科… Ⅱ.①胡…②黄… Ⅲ.①再生稻-栽培技术-科技服务-云南-文集 Ⅳ.①S511-53

中国版本图书馆CIP数据核字（2022）第188938号

责任编辑：李建丽
责任校对：张茜越
装帧设计：王晓宇

出版发行：化学工业出版社
　　　　　（北京市东城区青年湖南街13号　邮政编码100011）
印　　装：中煤（北京）印务有限公司
710mm×1000mm　1/16　印张10$\frac{1}{4}$　彩插4　字数132千字
2022年6月北京第1版第1次印刷

购书咨询：010-64518888
售后服务：010-64518899
网　　址：http://www.cip.com.cn
凡购买本书，如有缺损质量问题，本社销售中心负责调换。

定　　价：59.00元　　　　　　　　　版权所有　违者必究

《科技小院助推边疆地区乡村振兴：云南曼拉多年生稻科技小院纪实》编者名单

主　编：胡凤益　黄光福

副主编：张石来　张玉娇　陈蕊　廉小平

参　编（按姓氏笔画排序）：

李昆瀚　李凌宏　张　静　张玉娇

张石来　陈　蕊　胡凤益　秦世雯

唐筱韵　黄光福　廉小平

 序

民以食为天，食以农为本。在人类对营养与健康的追求越来越高的新时代，农科人才的培养格外重要也备受关注。我们要认真贯彻习近平总书记给全国涉农高校的书记校长和专家代表的回信精神；要努力推动更多新农人扎根乡村，顶天立地、服务需求、成长成才。云南大学胡凤益教授带领团队，在云南勐海县曼拉村建立多年生稻科技小院，坚持创新，实践育人，本书汇编了其中最真切感人的故事。

2009年以来，我一直关注中国农业大学张福锁院士团队创新建立的科技小院（STB）人才培养模式的改革与创新；有幸参与了全国农业教指委重点课题"云南高原特色农业科技小院开放共享运行实践与机制研究"的设置论证；有机会到云南勐海县曼拉村多年生稻科技小院考察，领略本书中那些熟悉的图片和场景、那些师生们踏足过的田块，认识那些一起交流过的乡亲和农技人员，还有胡凤益教授生动讲述多年生稻的非凡和神奇，更有多年生稻科技小院研究生们住村的感受和欣喜。特别喜欢33位研究生为本书撰写的生动故事，每个故事的命题都有很强烈的场景感：美丽的乡村，农业之美，生态之美，民风之美，云南之美，大美中国。本书值得品鉴试读，作为实践育人的参考。

大学没有围墙，社会经济发展的需求在哪里，大学就延伸到哪里；学

生在哪里，校园就延伸到哪里。在云南大学的支持下，云南勐海县曼拉村多年生稻科技小院创新实践，特色发展，建成了第三批全国农业专业学位研究生实践教育培育基地，获得第七届中国国际"互联网+"大学生创新创业大赛国家级金奖，"实践勤耕读 成长'慧'种稻——记云南大学多年生稻科技小院人才培养"成为了全国农业教指委的优秀工作案例，树立了榜样的标杆，值得肯定和称赞。

著名教育家蔡元培先生曾说过：教育者，非为已往，非为现在，而专为将来。科技增强国力，青年开创未来。没有任何的人和事比青年成长更重要，万象丛中一个导师一盏灯。祝愿云南勐海县曼拉村多年生稻科技小院的研究生，在导师指导下积极践行一懂两爱，注重理论联系实践；在实践中学会学习、学会工作、学会合作、学会成长与发展，努力成为一名具有担当的时代新人，为乡村振兴和强国征途做出新的贡献。

是为序。

第四届全国农业教指委委员兼秘书长

李健强　2022 年于大理

前言

　　云南大学胡凤益团队提出的利用长雄野生稻（*Oryza longistaminata*）地下茎（Rhizome）无性繁殖特性培育多年生稻（Perennial Rice，PR）的设想。经过二十多年不懈地探索实践，培育出了具有生产应用价值的多年生稻23（PR23）、云大25（PR25）与云大107（PR107）等多个多年生稻品种，在全球多年生作物育种领域具有里程碑意义，实现了稻谷生产方式从一年生到多年生的转变。多年生稻技术是一项轻简化的稻作生产技术，多年生稻的秧苗是从上一年（季）稻桩地下茎的芽上生长出来，自第二年（季）起，基于越冬和免耕技术，稻谷生产不再需要买种、育秧、犁田耙田、栽秧等生产环节，实现了节本增效、降低劳动强度、减少劳动力投入与减轻农田水土流失等多维效益协调发展。

　　新农科如何培养人才？在全国农业专业学位研究生教育指导委员会的指导和支持下，我们在云南省西双版纳州勐海县勐遮镇曼拉村建立了多年生稻科技小院。科技小院有试验田100余亩，常年有5～10名研究生和2～3名青年老师驻扎。我们以科技小院为载体，将农业科技研发和农科人才培养相结合，以培养农科学子的"三农"情怀，全面实地参与乡村振兴，实现学生德智体劳全面发展为目标，真正做到让农科学子成为祖国乡

村振兴建设的主力军。

　　本书由长期驻扎科技小院的33位硕士研究生和博士研究生共同编写完成，记录了他们在科技小院期间开展的科技创新与社会服务的内心历程变化与感悟，他们用行动证明了自己的价值，也向农户、企业、政府部门展现了新时代农科研究生的风采。本书适合有志于深入基层实践的在校青年大学生了解"三农"，也适用于高等教育从业者和研究者了解新形势下的农业院校人才培养新模式。

编　者

目录

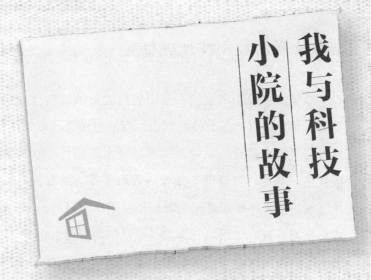

我与科技小院的故事

作为一名农业基层工作者，我们的任务是将我们所学的知识全部反馈于民，反哺于民，从群众中来到群众中去。我也会谨记胡凤益老师的教导和多年生稻科技小院的使命，在"三农"工作中不断地努力下去，为边疆的"三农"发展贡献自己微薄的力量。

——李小波

李小波，2018级，硕士研究生，专业：农艺与种业，研究方向：多年生稻栽培技术与应用，现单位：云南省勐海县农业技术推广中心。

多年生稻科技小院地理位置

多年生稻科技小院位于云南省西双版纳傣族自治州勐海县曼拉村。勐海县东接景洪市，东北接普洱市，西北与澜沧县毗邻，西和南与缅甸接壤，自古有"滇南粮仓"之称，四季适宜水稻生长，盛产优质稻米，是国家级粮食生产基地，有着得天独厚的栽培条件。勐海县属热带、亚热带西南季风气候，冬无严寒、夏无酷暑，年温差小，日温差大。自然条件高温多雨，地形平坦开阔，年平均气温18.7℃，年均日照2088小时，年均降雨量1341毫米，境内河网密布，水资源丰富，全年有霜期32天左右。水稻主要分布于海拔600～1500米之间的坝区，共有稻田47.7万亩。

多年生稻科技小院技术支持

多年生稻科技小院坐落在云南省西双版纳傣族自治州勐海县勐遮镇曼拉村云南大学田间试验站，长期有5～10名研究生及2～3名指导老师驻扎，拥有100余亩多年生稻品种选育、栽培技术研究试验基地。多年生稻科技小院是以云南大学胡凤益研究员带领的云南省多年生稻技术创新团队为核心，建有云南省多年生稻工程技术研究中心、云南省多年生作物国际联合研究中心、多年生稻技术示范推广云南省引智基地、种康院士工作站、钱前院士工作站等研究平台。该团队长期从事水稻多年生性基础理论研究、多年生稻品种培育、配套耕作栽培技术研究等工作。同时团队属于国际多年生作物协作组的成员，具有扎实的理论基础和国际领先的多年生稻研究成果。团队目前已和多家知名国外科研机构及院所建立了实质性合作，包括联合国粮农组织（FAO）、国际水稻研究所（IRRI）、缅甸曼德勒大学、泰国乌汶国家水稻研发中心、老挝国家农林科学院、越南北部山地农林科学院、柬埔寨棉芷大学、美国山地研究所、非洲稻作中心、乌干达国家农科院粮作中心等，为多年生稻科技小院的运作和发展提供了坚实的技术支撑。

多年生稻科技小院的使命

多年生稻科技小院以"解民生之多艰，育天下之英才"为己任，扎根云南少数民族边疆地区，在"三农"一线开展科研、社会服务和人才培养。其使命在于：提高多年生稻品质和资源利用效率，推动农业发展方式转变升级，保障国家粮食和环境安全；创新农业生产组织与服务模式，促进农业生产关系转变；改善农民生活与农村生态环境，推动"三农"和谐发展；扎根农村和农业生产第一线，培养"有理想、肯奉献"新型农业人才，为社会发展做贡献。

我与科技小院的故事

我的名字叫李小波，毕业于云南大学农学院农艺与种业专业，2019年以来一直在勐海县曼恩村民委员会曼拉小组云南大学多年生稻科技小院进行研究学习。研究生的学习就是从第一次接触水稻开始，在此之前，我从未栽种过水稻，根本没有体会过水稻种植的艰辛。当我第一次来到试验站时，"别愣着了，赶紧脱鞋子下田，你又不是来走马观花的"，就是这一句话让我第一次弓着腰、光着脚在秧田中拔了一天秧苗，接下来就是连续十几天的插秧工作，每天累到直不起腰。刚开始的时候确实想过放弃，但看到自己亲手插下去的秧苗慢慢长出新根、分蘖，最后收获成沉甸甸的大米，我知道自己的努力没有白费，坚定了我继续深入学习的信心。2019年初至2020年末，在科技小院学习期间，在胡凤益老师的教导下，秉承多年生稻科技小院的使命和责任感，我不断主动地去发现问题，解决问题。我不断地学习理论知识，扩充知识体系，并在田间劳作中将所学知识和理论进行结合。虽然，每天忙忙碌碌地重复着相同的工作，工作量特别大，事情也特别烦琐，但是通过不断的学习进步以后我发现自己可以很快地完成工作和克服困难，久而久之我发现自己很享受这样的生活，享受这种生活给我的充实感、成就感。同时也让我一步一步真正融入大田生产中来，让我的理论知识和动手能力有了完美的结合，也为我毕业后的工作奠定了坚实的基础，让我有机会、有能力将我所学所会的知识全部用于今后的水稻生产中去。

现在的我作为一名勐海县农业技术推广中心的基层农业工作者，是胡凤益老师孜孜不倦的教导和多年生稻科技小院的培养造就了我。作为一名农业基层工作者，我们的任务是将所学的知识全部反馈于民，反哺于民，从群众中来到群众中去。我也会谨记胡凤益老师的教导和多年生稻科技小院的使命在"三农"工作中不断努力下去，为边疆的"三农"发展贡献自己微薄的力量。

科技小院赋予的责任感

作为科技小院的一员，我深知能力越大，责任越大。我们"科技小院"旨在对当地的农户进行栽培技术指导和培训，及时发现问题，提供整套农民可用的、可靠易行的方案，在保障当地种植户增产增收的同时，促进产学研的有机结合，并将相应的种植栽培管理技术一一教给农民，解决农业技术推广最后一公里问题。在科技小院学习生活的日子里，我时刻奉行"运用自己的所学，把论文写在祖国广袤的农村大地上"。通过理论结合生产实际，我们科技小院成员将携手共进，共同走在边疆乡村振兴的康庄大道上，打造出一片靓丽的"科技小院"风景线。

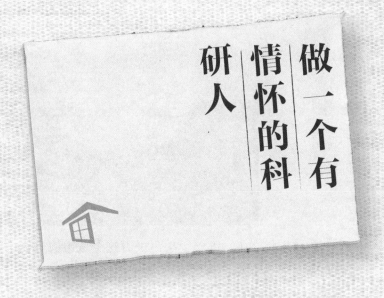

做一个有情怀的科研人

迈入云南大学起，注定是不平凡的旅程……

——廉美婷

廉美婷，2020级，硕士研究生，专业：作物学，研究方向：长雄野生稻地下茎育种应用研究。

在昆半年之久，唯一一次出去看这个城市的机会，备感珍惜，在昆明的街市里走走停停，走马观花式地看了吃了，却留不下自己的任何痕迹，不能发现与其他城市的区别，找不到兴趣，没有那种长期生活在这里的归属感，一切都是陌生的。

幸运的是，我在云南大学加入了多年生稻课题组，从事多年生稻的学习研究。仅是多年生稻的冰山一角，就让我对水稻的认知不再是一年两季，而是大开眼界——像割韭菜一样种水稻。这是一项开创性的技术，此刻起我确定这就是我想要为之奋斗的。加入了多年生稻课题组这个大家庭，在胡老师的指导下进行选课，哪些是对多年生稻研究相关的基础课程，哪些需要广泛的了解，胡老师均悉心教导，我不敢怠慢，唯有专心学习理论知识，打下坚实的基础，为田间实践做准备。经历了半年的专业知识学习，我带着理论知识再出发，进入"曼拉大学"——多年生稻科技小院实地学习。

首次来到多年生稻科技小院，多少有点不适应，生活学习在一起，多了一些柴米油盐酱醋茶的烦恼，添了几分社会历练，有一丝苦涩，更多的却是回甘。

"曼拉大学"授课、研讨

在这里，我们随时随地讨论课题中出现的问题，在宿舍里、田埂上、水稻边，留下了科学研究的声迹，在讨论声中发现田间地头的新密码，把多年生稻从试验站推广到全世界是我们的共同愿景。在田间地头，从理论到实践，对多年生稻的了解不只是文献中干巴巴的描述，有了更多的感性认识，地下茎田间的模样也永远印在了脑海里。

观察多年生稻独特的地下茎

我在科技小院中学到了很多应用技术，比如机械化生产的运用。科技小院组织进行多年生稻无人机现场直播，进行多年生稻直播试点试验，动态观测多年生水稻生长状况，实时监测，最终测产后，与常规稻进行比较，有望大规模推广应用，从而实现机械化播种。再有，机插秧现场学习，天气条件不佳也不会错过农时，能够有效加快多年生稻生产机械化进程。

多年生稻无人机现场直播

在云南大学多年生稻科技小院的学习生活令我收获颇丰。我学习了如何将水稻移栽、插秧、取土测土样、量取干物质、碾米、种子装袋，不止如此，还获得了许多实用技能，上得厅堂，下得厨房，学会做科研，更会生活。从宿舍到试验田通车了，我们乘坐"它"上下班快活极了，一路繁花，满程欢笑，这是我们宝贵的财富。

人人都是老司机

在一片欢声笑语中，也深入了解了傣族文化，品傣味，入傣乡，深刻理解乡村振兴的真谛；自给自足，做饭，种菜，生活技能也大大提高；对世界的认知也发生了巨大的改变，"晨兴理荒秽，带月荷锄归""面朝黄土背朝天，滴汗入土苦作甜"的诗意是真实存在的，感触良多。

胡老师教我切菜

晨兴理荒秽

劳动最光荣

经过科技小院的培养，我对于未来的设想更加开阔，最希望的就是能够继续从事多年生稻的科研工作，解决生产实际问题，将多年生稻技术发扬光大，成为一名像胡老师一样有情怀有温度的科研工作者。

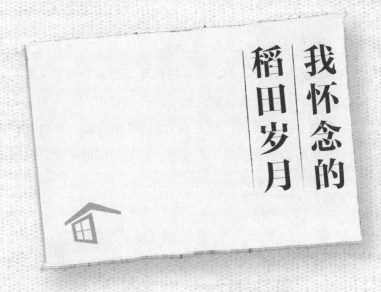

我怀念的稻田岁月

每当有人问起我在硕士期间最深刻的体会是什么，我口中的答案总是："那段时间我流了到目前为止流过最多的汗，却也是到目前为止最充实饱满的学习岁月。"这一句答案也同时在我内心浮现。

——何奕霏

何奕霏，2018 级，硕士研究生，专业：农艺与种业，研究方向：多年生稻稻瘟病抗性评价及应用，现单位：云南省红河州红河职业技术学院。

2021年6月2日，一条话题为"云南多年生稻实验获成功"的简讯新闻刊登于人民网上，简讯中赫然出现了我的导师胡凤益与一名农户介绍多年生稻的照片，而背景则是那一片片似曾相识的水稻田。胡老师熟悉的面庞以及他专注的神情、云大107的穗子和谷粒、承载着硕谷和一名名农学硕士梦想的多年生稻田，令我心中泛起无限的怀念，并将我的思绪拉回到了2019年的那个夏天。

研究生初体验

2018年9月，我有幸成了云南大学2018级农艺与种业专业的一名硕士研究生。这个时候我便开始思考在农学专业进行读研的意义。最初，我对农学专业的发展前景以及方向十分茫然，因为"农业"总是与"面朝黄土背朝天"捆绑在一起，仿佛它只是一种不需要智慧的辛勤劳作。然而，我对这一切迷茫开始有所明朗是得益于我的导师胡老师讲授的"农业政策与乡村振兴战略"这门课程。这门课从农业政策的角度为我们解读了中国农业的过去、现在以及未来，特别是土地改革对中国农业发展的推动、"家庭联产承包责任制"对中国农业变革的重要影响，同时又通过解读乡村振兴战略回答了我们农业何以兴国。近年来，中央一号文件连续聚焦农村、农业和农民，凸显出"三农"问题在中国"重中之重"的地位，足以看到农业发展对于国家发展的重要性。这是我第一次对自己所学的专业大环境有了较为深刻和系统的认知，即是我对农学专业的"初体验"。

其次，是我对研究生学习形式的预想和思考。我想象中的研究生应该是坐在教室里汲取理论知识、在实验室里挥汗如雨、在各类学术会议上积极学习和研讨……当然，这些形式确实充斥在学习的不同阶段中，但是那会儿我还未意识到农学专业的底色其实是落到实处，而真正教会这一真理的课堂便是在"曼拉科技小院"。"纸上得来终觉浅，绝知此事要躬行"，还记得当时我请求加入多年生稻课题组时，胡老师说了一句话："来我们课题组就是要吃得了苦。"在学与知之间必须去踏踏实实地"做",便是我对研究生学习形式的"初体验"。

理论到实践——扎根基层

2019年3月7日，拍摄于曼拉科技小院

"谁知盘中餐，粒粒皆辛苦"，来到曼拉科技小院我便比以往更明白了这个道理。科研的第一步是要对自己的实验对象建立全面的认知，我建立认知的第一站便是那片绿油油的秧田。记忆犹新的画面是胡老师穿着水鞋在秧田里灵活地游走，以至于让我误以为每个人都能够在水稻田里自由活动，于是我穿起了塑胶水鞋毫不犹豫踏进了水稻田，便出现了我在水田里寸步难行，旁边在干活的"老咪头"（当地妇女的俗称）以及同行的伙伴们都被逗得仰面大笑的场景。"脚跟先落下，保持重心，走的时候节奏稍微轻快一些"，胡老师给了我建议，我终于能够勉强移动了。看着在秧田里"健步如飞"的胡老师，我想这大概就是真正的实践家吧。

拔苗、移栽是培育水稻的重要环节。要在秧苗适龄的时候将其连根拔起，这个过程会损断根系，因此在操作时要避免对幼苗根系造成不可逆的损伤。曼拉村多年前是以水稻种植为主，当地的老咪头们个个是水稻种植能手，我拔1平方米苗的时间，她们能够拔2～3平方米。勤劳热情的咪头们手把手地教我们拔秧，拔苗的方向、握苗的方式、绑秧绳的方式都有讲究，只有每个步骤都做到位了，才能够高效高质地拔秧苗。移栽也就是俗称的插秧，这一"活计"更是个技术活，插秧的深度要讲究，太浅秧苗不直立，太深不利于秧苗分蘖，角度要正，不能东倒西歪……为了保证合理插秧密度、田间秧苗株数、试验因素的确切性，我们首先会在秧绳子上用尺子量出固定密度并用红漆做好标记，再顶着烈阳在田块两头固定好秧绳，定点插秧。历经了水稻培育的各个环节，体验过汗水湿透衣裳、模糊视线的酣畅淋漓感，我懂得了现在人们吃的每一粒粮食都蕴含了数不尽的汗水和智慧，更明白了唯有开局把细节做到位，才能收获科学准确的试验数据，建成标准规范的实验示范田。历经近半月的时间，我们团队把曼拉科技小院近50亩的田块完成播种，这是科技小院的所有人拧成一根绳，通过日夜相处的磨合以及工作中不断交流合作所取得的成果，可谓"人心齐，泰山移"。

田间试验——从理论到实践

曼拉科技小院不仅拥有美貌，而且是集产研一体的智慧基地。这里运行着多年生稻课题组各类科技项目的相关试验，包括多年生稻品系PR107生产示范、多年生稻品系PR107密度试验、高光效试验、肥料密度试验、秸秆还田试验等。

田间区划是试验方案在田间实施的关键过程，也是将纸上的试验设计实现的第一步。多年生稻课题组的黄光福老师很擅长于田间区划，他长期驻扎于西双版纳多年生稻的科研基地，有着丰富的田间试验和管理经验，

2019年6月7日　进行田间调查工作时拍摄

在科技小院我们都亲切地称他为阿福老师。阿福老师带着我们负责整个曼拉科技小院的田间区划，从拉标线、打桩定点、确定整个试验区域内的位置到确定小区位置和面积，每一个步骤都显现出要合理精准地进行田间区划，除了科学的设计方案更需要丰富的试验经验。但是，田间试验无法实现完全精准，而是属于相对精准，因为试验设计方案中的田块规格很难与实际田块的规格百分之百相符，很多时候需要依据经验进行适当地调整，这充分显现了实践经验的重要性。

科技小院给予了我们很多层次丰富的科研实践机会，也为我积累了宝贵的田间经验。从试验操作能力方面我们学会了如何给长雄野生稻进行套袋、如何进行杂交、如何收集活性花粉等等。在试验实施过程中，我们参与了不同试验项目的各个指标的数据测量、记录工作，稻瘟病、白叶枯等田间病情调查工作，在收种时参与了测产、考种等工作。在科技小院的每一天我们似乎都在进行大量的数据收集工作，为的是能够建立一个全面而完整的试验数据库。因此，我们几乎每个试验项目都会将把所有重要的生理指标进行测量。虽然汗水总是浸湿里衫，虽然炎热的天气总是让人精疲力竭，但是课题组同伴的陪伴、老师们的指导和鼓励、完成任务的成就感就是我们源源不断的动力来源。

在曼拉村的故事——风雨过后便是彩虹

曼拉村有一座标志性的建筑，那是当地村民自己建的一座带有爱心形窗的房子，我们都将其简称为"爱心"。住在"爱心"里的一个小女孩，总爱跟在我们后面跑。我们在田里干活时，她总在旁边的田埂上等待我们休息空档陪她玩耍，那一声声"小何姐姐"似乎还回荡在我的耳边。

何其幸运，在科技小院驻扎期间我们遇上了到当地村民最重要的节日之一"关门节"。借着节日的喜庆我们也偷偷给自己放了个小假。一行人几乎走访了曼拉村所有的人家，每家主人都是同样的热情好客，每家的饭菜都是那么可口诱人。在村长家我们静静听他说曼拉村过去的故事。他在曼拉村治理方面下了很多功夫，投入了很多心血和智慧。他似乎在用笔给我们细细描绘曼拉村的过去和现在，让我们看到了曼拉村蜕变为"美丽乡村"的全过程。

我见过最美的彩虹便是在曼拉科技小院。记得那天我们正在田里给长雄野生稻进行套袋，突然间下起了瓢泼大雨，我和同学们慌乱地跑向躲雨的地方，淋湿的发梢还在滴水，可外面的雨居然就停了。西双版纳的雨总是那么随性，说来就来，说走就走。它走后，馈赠了我们一个完整的双环彩虹。彩虹屹立在基地两边的田埂上，似乎象征着所有的美好。当然美的不仅仅是彩虹，还有老咪头眼角笑起的皱纹、太阳下额头泛起的汗珠、同伴们用麻袋做的雨衣……它像一座门，将通往多年生稻美好的未来，以及中国粮食安全的新进程。

践行初心——投身农职教育

如同前面所提及的"初体验"，随着我国新时代的到来，推进农业现代化的号角已经吹响，祖国需要一支爱农学农的青年队伍。而成为其中一员为祖国的农业发展及乡村振兴奉献己力，实现自己的个人价值及社会价值成为了我投身农业职业教育队伍的初心。

作为现代农业专业一名教师，我会把这份"初心"传递给学生，把我在曼拉科技小院的精神承接到我的工作岗位上，踏踏实实做事，认认真真做人。

最后，再次衷心地感谢我的导师胡凤益研究员在研究生期间给我的指导及学习平台。胡老师曾对我们说："以后你们一定会怀念在曼拉的日子。"正如此言，在我离开云南大学的这一年中，我总是不时地想起在曼拉的时光，那段我怀念的稻田岁月。

微甜的回忆

广阔的秧田，青青的秧苗，黄黄的稻穗，可爱的村民……随着微风，又吹进了我的心里，打开一段只属于我自己的记忆。回味着自动播放的影像，有懵懂、有酸涩、有泪水，但最终都被时间酿成微甜的回忆。

——李鹏林

李鹏林，2018 级，硕士研究生，专业：农艺与种业，研究方向：多年生稻白叶枯病抗性评价及应用，现单位：中国人民保险公司（玉溪）农业保险分公司。

2019年3月2日，我第一次来到勐海曼拉云南大学多年生稻科技小院，这也是我研究生生涯的成长地。

记得第一次来的时候，秧田才开垦翻耕好，还未种上多年生稻，我们的任务就是按照原先的实验设计在秧田中进行理论的实践——种多年生稻。50余亩的试验田，和当地的村民一起画线栽秧插秧，劳动期间也少不得村民的调侃："小姑娘从没有干过活吧，不要踩到秧苗啊""听说你们的谷子（稻谷）种下去不需要犁田耙田第二年还能长出来？"……一开始的新环境让我既兴奋又担心，兴奋是因为我终于要在田间了解水稻和开展自己的试验了，担心是因为一开始的语言不通和文化差异让我和当地的村民很难沟通，让我有点不知所措。慢慢地，在老师的带领下，我逐渐与当地村民熟络起来，适应了当地的生活，开始了解多年生稻并开展我的试验。

以前对水稻的认识只是停留在表层，还未真正地了解过它的一生。在科技小院的这段时间，我从实际上看到了水稻一生的变化，从营养生长到生殖生长，多年生稻生长所需要经历的时间，苗期、分蘖期、孕穗期、齐穗期等的形态特点，我对所要进行研究的多年生稻有了清晰的认识。

带领我们的黄老师有一个试验做的是高产、优质品种筛选试验，通过对不同多年生稻品种抽穗期、成熟期进行取样，比较不同品种的干物质生产能力、产量高低和品质好坏。我们在抽穗期的时候进行田间调查、取样、处理分析样品等工作，与实验室的师姐和同学一起在田间对多年生稻进行形态观察，记录分蘖数，调查有效穗数，测量水稻的株高、叶片面积等。我们需要在田里弯着腰，拿着记录本和笔进行记录。等到多年生稻成熟的时候，根据前期的调查采集样品，将根、茎、叶、穗分开，测定各项指标，如根性态、稻穗的实粒数、空粒数、结实率、千粒重、口感等，全方位研究多年生稻。我们日出而作、日落而息。我能感受到农业科研者的辛苦、更能感受到这份工作带来的快乐。能将我们筛选出来的品系推广，是我们最大的动力和自豪。

我所做的课题是有关多年生稻白叶枯病的抗性研究，通过前人的研究得知，白叶枯病极易在高温、高湿、暴雨等气候条件下暴发，刮风暴雨的天气会使稻叶间的相互摩擦加剧，导致叶片损伤，也加快了病害的扩散，且田间的积水、灌溉水也是白叶枯病菌的传播媒介。在田间，我根据前人对水稻白叶枯病的研究，对照多年生稻，观察其白叶枯病发病的条件、病症、发病时叶片的状态。我在高温高湿和头天暴雨时，对多年生稻进行仔细观察，观察到染病的叶片的病斑呈黄绿色、灰绿色、灰白色，通常从叶尖和叶缘开始发病，沿着叶缘或者叶中脉向下扩展。在头天暴雨第二天正午时田间观察，会看到病叶背有黄色菌脓。在科技小院田间直观的观察让我渐渐对我的研究课题有了更清晰的认识，为我之后的实验室实验奠定了扎实的基础。

学校是传播知识的主渠道，却不是唯一的渠道。学习书本知识固然重要，但在实践中学习，将理论运用到实践更重要。没有一个科学家的知识是完全从书本学来的。袁隆平院士研制杂交水稻的成功也是理论与实践结合的产物。科技小院不仅培养我们理论与实践结合的能力，让我们能"将论文写在大地上"，还教会我们新的生活方式和态度。只要能发挥自己最大的价值，广阔的田野，就是我们最大的舞台。

感谢在科技小院这段特别的经历，奠定了我成长的基石，将一切的酸甜苦辣都酿成一段微甜的回忆。

不下农田
不知「稻」

当我将长雄野生稻的地下茎挖出清洗干净后，它蓬勃的生机展露无遗，让我不禁感叹：原来这就是能让多年生稻多年生的神奇组织！

——刘溥

刘溥，2017级，硕士研究生，专业：植物育种与种质资源，研究方向：长雄野生稻多年生性的遗传机制，现单位：重庆市忠县忠州中学。

或许这就是上天安排好的缘分，本是学园林的我误打误撞调剂到云南大学农学院，然后有幸加入了多年生稻课题组。实话实说，当时的我十分迷茫，因本科主要涉及的是观赏类植物，加上从小没怎么干过农活，所以我对农作物知之甚少。也因此我选择了接触的算是比较多的农作物——水稻。

谈到水稻，映入我脑海的首先是袁隆平院士和他的杂交水稻，以及以前零零碎碎看到的新闻报道：××老师的水稻研究增产××公斤、××学校研究的新品种口感十分好，营养品质高……因此当胡老师让我们先看看文献思考接下来三年我们期望的研究方向时，我的脑子里闪现的只有一些关于水稻增量增产、提高抗病性等一些不是十分有创意的想法。好在选题前胡老师给我们介绍了多年生稻课题组目前研发的多年生稻品种以及现在正在进行的关于多年生稻地下茎研究项目，充分激发了我的好奇心与兴趣：原来水稻还能像苹果树一样年年都结果？到底是什么机制让水稻能够多年生长？也因此我选择了关于多年生稻地下茎基因定位的研究内容作为我接下来三年的研究方向。

纸上得来终觉浅，绝知此事要躬行。胡老师时常教导我们无论是做分子实验还是做田间试验，都要下到农田里去，理论和实践结合才是实实在在的科研。因此每年实验室的学生都会到西双版纳的试验基地参与相关的实践工作。我和其中的几位同学常去的是位于西双版纳景洪市嘎洒镇的多年生稻实验基地，在这里我学会了很多书本上学不到的知识。

初识长雄野生稻

到实验基地的第一天，老师们就带我们去看了用来培育多年生稻的父本——长雄野生稻（*Oryza longistaminata*），跟我之前想象的不太一样，比普通水稻更高大一些。如果拟人形容长雄野生稻和普通水稻，那便是长雄野生稻像粗犷大汉，普通水稻则像秀气女子。

因为实验要求，我们要用到长雄野生稻的地下茎组织材料。胡老师为了让我们更了解实验材料，坚持让我们自己到田里去把地下茎挖出来。这种体验是新奇的，之前在学校课题组的老师们介绍过很多次关于长雄野生稻地下茎的内容，然而这一次才让我见到其庐山真面目。当我将长雄野生稻的地下茎挖出清洗干净后，它蓬勃的生机展露无遗，让我不禁感叹：原来这就是能让多年生稻多年生的神奇组织！

长雄野生稻地下茎（附彩图）

插秧苗

起初我认为插秧苗这个环节应该会很简单，然而在和老师们一起完成这项工作后才觉得实属不易。先不谈插秧这项工作，光是插秧前的准备工作就足够烦琐。老师们要在这个环节提前规划好试验田的使用，哪一块种什么品种，种多少，总的要种哪些，这些都关乎接下来的各项实验进程。

前期的播种是由试验基地长期驻守的玉姐完成，按品种的不同分播在不同的秧盘里并做好标记。犁田耙田则是请当地村民帮忙完成。而我们首先是按照老师整理好的品种清单，写好标记牌，再根据老师的试验田规划，将相应的标记牌绑好插到相应的区域。然后将不同品种的秧盘放到相对应的区域，一块块地放好。这个过程十分锻炼人的体力和毅力，我们这些小姑娘为了不被西双版纳的太阳晒黑，硬是在三四十度的气温下裹得严严实实的。可想而知，没走几步路就热得不行。再加上刚耙过的田十分松软，端着秧盘的我们踩在农田里，一下就陷到了大腿根儿，每走一步都十分艰难，何况我们还要在田里往返穿行。脸上、身上全是泥，汗水早已浸湿了衣裳，抱怨肯定是有的，但在老师的鼓励下，我们仍然坚持了下来。

插秧苗是课题组请的当地的村民们来完成，但是老师们为了锻炼我们的实践能力，专门留下一块田让我们实践操作。本来我觉得插秧很简单，捏住秧苗的下半部分往田里插稳就可以了，实际操作时才发现我插的秧苗不仅歪歪扭扭，而且没过一会儿就浮起来了，最后还是在老师传授了插秧手法后我才勉勉强强过关。这次经验也让我深刻认识到"实践才是检验真理的唯一标准"这句话果然很有道理。

稻花香

稻花香里说丰年，听取蛙声一片。古诗词里常以稻花象征着丰收，而我在实验基地才是第一次真正见到稻花。原来稻花没有花萼和花冠，淡黄色的花蕊由颖片保护着；开放到关闭的时间极短，开放时花丝伸长冲破颖片，颖片就像蚌壳一样张开，一朵稻花会形成一粒稻谷，真是应了董嗣杲的那句"此花不与万花同"。

稻花开了，也意味着我们要进行杂交授粉的工作。一株稻穗上约有两三百朵稻花，当时的我就很好奇，不会是一朵一朵地去雄吧，得到的答案竟然是肯定的。书本上简单几个字描述的工作，实际却要花费很长的时间完成，并且还会遇上各种各样不理想的情况，这让我对农业科研工作者肃然起敬！

我们基地采用的去雄方法是剪颖去雄法，要在稻花未开放之前将选取的母本先用剪刀剪去稻穗上部和下部，将中部枝梗上的小穗留下来。然后再用剪刀从小花外稃上部斜剪 1/3 左右，要注意不要剪掉里面的花蕊；然后用专门的抽吸机将雄蕊的花药一颗颗地吸取干净。这可真是一件耗费眼力且枯燥的工作，然而这也是农业科研工作者习以为常的工作。

去雄完成后，将去雄后的母本和父本用纸袋套在一起进行人工授粉。为了使授粉的效果更好，我们得在下午一两点太阳正炙热无比的时候，使用我们的"弹指神功"，弹动纸袋使父本的花粉尽可能地落在母本穗花的柱头上。不得不说西双版纳的太阳真是名不虚传，紫外线又毒又辣，而我们实验室的老师们年复一年地都在进行这样的工作，他们为我们树立了一个良好的榜样，也让我们深知农业科研工作者的不易。

结语

力行而后知之真，书本里长不出禾苗，只有田里才能长出禾苗。在多年生稻科技小院的学习，丰富了我对水稻研究的认知，锻炼了我的毅力，凝聚了与课题组同学们的团结力；也是在这个过程中，我了解到农业科研工作者的不易，重新认识了农业科研这项工作，也为我正在做的研究工作油然而生一种自豪感。

我与多年生稻的故事

回忆着三年研究生涯的日子，我想——在我认为所有明知艰难依然前行的决定里，考研并选择了多年生稻是我最正确的一个决定！

——杨智梅

杨智梅，2017级，硕士研究生，专业：植物育种与种质资源，研究方向：长雄野生稻地下茎基因定位及育种应用，现单位：云南省烟草专卖局大理州烟草专卖局祥云县分公司。

在7月遇见，在7月告别，在7月回忆……现在距离我从云大多年生稻课题组毕业正好一年！还记得毕业时候我告诉自己，未来的生活工作也要努力，努力成为一个很"哇塞"的女孩！然而无论未来这个女孩多"哇塞"，一切都离不开与"多年生稻"三年共成长的铺垫……

相遇

2017年6月，在召开的云南省国际人才交流会——多年生稻作分会上，我有幸提前进入多年生稻课题组帮忙并参与筹备多年生稻作分会，这是我第一次认识"多年生稻"。多年生稻——顾名思义，即通过人工培育，在生产条件下能反复利用地下茎正常萌发再生成苗实现多年种植的稻。我记得看到这个简介是在多年生稻课题组的宣传册上，当时我对多年生稻这个词的解释依然存在很多疑惑，也不懂其原理。记得胡凤益老师在研究生新生入学致辞时说过：说得简单点，我们的这项研究可以让农民"懒"一点，但收入可以更多一点。就这样，我的导师——胡凤益研究员，成功地引起了我们所有农科学子对多年生稻的好奇心，多年生稻课题组由此又加入了几个懵懂的少年！

初见"多年生稻"简介（附彩图）

相识

2017年8月份正式开学进入多年生稻课题组后，我开始了对多年生稻的研究，对多年生稻也从字面上的认识推进到真正意义上的认识——胡凤益研究员带领的团队研究多年生稻已有20多年，"多年生稻"突破了传统稻作方式，是实现稻作轻简化生产、推动种植业结构转型升级的新途径。因为"多年生稻"就像韭菜一样，可以割了又长，长了又割，农民只需栽种一次就可连续收割几年或更长时间，其间不需要再购买种子、育秧、犁田、耙田、插秧，极大地减少了劳动力的投入，降低农民劳动强度的同时还能使产量保持相对稳定。此外，一季稻区，收割后还可以套作蚕豆、油菜、小麦等作物，不同的地方种植不同的作物，农民可以用来发展更多的产业，增加收入。待到来年开春后，稻桩又会长出新的腋芽。

知其意义探索原理，每一位农科学子都应该深入探究根本！

怎样才能把一年生栽培稻变成多年生稻？这个问题促使我三年的研究生学业生涯围绕其"秘密"痛并快乐地进行着！

地下茎　　　　　　　　　　　　　　　　　　新芽

长雄野生稻地下茎的探索之路

把一年生稻变成多年生稻，其秘密就藏在长雄野生稻中。长雄野生稻广泛生长在热带非洲，具有许多可用于改良水稻品种的有用特性，其中一个特性便是地下茎。其地下茎平行生长在地下，具有发育成完整新植株的能力。匍匐地下茎能够在每个节上形成根、叶和次生茎枝，从而赋予了一些禾本科植物和单子叶植物再生能力和多年生性。1997年，胡凤益研究员带领团队提出利用长雄野生稻地下茎无性繁殖特性培育多年生稻的设想。经过20多年的研究探索，培育出具有多年生性的中间品系，成为多年生性供体。再把这些供体与主栽品种进行杂交，利用分子标记辅助选择育种技术，在后代中快速选择有长雄野生稻地下茎基因的品（系）种。最终培育出了具有生产应用价值的多年生稻23（PR23）、云大25、云大107等多个多年生稻品种。通过不断试验推广示范，在全国多年生作物领域中具有深远影响。目前，位于云南西双版纳的100亩多年生稻试验田已经种了5年，依然保持再生活力。多年生稻团队一直对试验田保留进行观察研究，同时，还对试验田的土壤养分自我循环、水土流失以及气候效应等方面开展深入研究。相信在不久的将来多年生稻将会被大众所熟知。

成长

作为一名农科学子，无论在学业、科研还是工作中，都要学会心无旁骛，不要左顾右盼，在通往未来的路上稳步前行！

那些记忆中的实验点滴

在团队研究的基础上，我以长雄野生稻地下茎基因的发掘为主线摸索了三年……

三年的实验探索过程中，我无数次陷入过实验困境。每次遇到问题，我都会不停地去重复、完善和弥补。总结下来才发现一次次的磨炼让我做事更加认真严谨。在云南大学农学院三年的研究生涯里有了太多难忘的经历，回想起这些经历，我想——在我认为所有明知艰难依然前行的决定里，考研并选择了多年生稻课题组是我最正确的一个决定！

三年的学习生涯，我的成长收获不仅仅只是停留于了解了更多知识，或者取得了硕士毕业证和学位证。我经历的点点滴滴已让我明白：一是什么是执着和热爱——胡老师20年来对多年生稻研究倾注的心血，这种执着和热爱最先是朴素的愿望，慢慢演变为责任感和使命感，最后发展为一种融入个人生命价值系统的专业情感！二是什么是思考——在貌似没有问题的事情中找问题，不满足于现有的常规解决办法，作为一名科研人员，应不断试验和探索，创造更多可能性，打破常规并不断试错！三是什么是挑战——关注别人的实践，在实践中学习，对没有现成答案的事常怀好奇探索之心，对超越自身能力范围的问题敢尝试……

现在，身处烟草领域的我，将秉持曾经所学不忘初心，立足当下，与烟苗共成长！

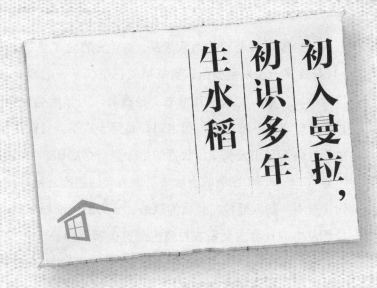

初入曼拉，
初识多年
生水稻

田间地头，感受人间百味，在一茬又一茬的多年生稻栽培过程中，明白"仰望星空与脚踏实地"的含义。

——施继芳

施继芳，2018级，硕士研究生，专业：农艺与种业，研究方向：多年生稻生态适应性，现单位：文山州质量技术监督综合检测中心。

以热带雨林著称的西双版纳，1月份的时候还是有些许凉意。2019年1月是我第一次来到曼拉试验基地的日子。冬天的西双版纳早晨云雾缭绕，恰若仙境一般。这次来基地主要是播种，为年后插秧做准备。虽然出身农村，儿时也常下地干活，但水田却是第一次下。穿戴好装备后我便下了田。由于经验不足和天气冷，我真的是一步一个脚印，"左边画了彩虹，右边画了龙"，差一点和黏稠的土壤来了个大大的拥抱。播种完后，我们一行人去到了村里。初入曼拉，整洁的道路、多彩的门前绿化以及开放的门前小院，是想象中的社会主义新农村风貌。这里民风淳朴、邻里和谐，曼拉的村民们对我们这样的"外来人员"也很友善，亲切地唤我为"小妹"。我们也入乡随俗地称呼他们"伯头""咪头"，往后离开每每听到类似的称呼都会感到十分亲切。

一直以来的学习都是停留在书本和学校，对于田间生产可谓丈二和尚摸不着头脑，所以我们都把曼拉基地叫作曼拉大学，是云南大学农科学子的田间大学，也是曼拉人民的大学。我们都是彼此的老师，我们向村民学习傣族文化、作物田间栽培技巧；村民们也积极向我们了解汉族人文风俗、一些理论知识等。

作为一名农学专业的研究生，深扎生产一线，切实感受"三农"问题是我的必修课；真真切切做一名"慧农民"，将科研成果转化为生产应用也是我们农科学子的目标。多年生稻第一季生产与普通水稻没有过大差异，均要经历播种、育秧、耙田等环节，不同在于多年生稻在第一季收割之后不需要再经历上述环节，直接从头季稻桩的地下茎上萌芽，极大地节约了人力成本，避免了多次耕作对土壤带来的破坏。

在与多年生稻共同成长的岁月里，印象最为深刻的有两件事。第一件是孕穗期云大107光合特性的测定。我们的光合作用测定仪器是LI-6800，这个仪器对女生真的非常不友好，在陆地上带着它行走刚刚好，可是在水稻孕穗期的水田带着它举步维艰。那时候的心理活动就是：多吃点饭，不然没力气拿稳仪器，如果不小心脚滑，一定要护住机器，不然我们的试验数据就功亏一篑了。后面随着田间行走的频繁练习小身板不断强健，测量难度就慢慢减小了，在整个测量过程中人和机器都安然无恙。第二件是基地第一次大规模收割的时候，由于试验田较多，需要采集的数据量就比较大，而有经验的老师刚好有急事请假了，留驻的人员基本都是第一次参与大规模收种，所以这对于整个基地来说又是一个挑战。我们遇到了两个主要问题：一是收割时间，收早了影响当季产量和品质；收晚的话会影响下一季的稻桩成活率。二是试验数据的采集和种子的标记，由于我们学生的数量相对干活的村民较少，我们需要平衡二者之间的分配问题，确保收种效率和数据采集。在课题组的全力支持和小伙伴们集思广益之下，以上两个挑战都顺利解决。当第一季收割完成后看到一些被机器压歪的稻桩，其实心中闪过一丝担忧，担心影响第二季的稻桩成活率。在请教了课题组老师后才卸下心中的担忧。经过收割后的精细管理，看到一个个绿芽不约而同地蹿了出来，喜悦之前的担忧多余，惊叹植物的生命力强大。它们总是以其特有的方式萌发新生，带给人们希望。

田间地头，感受人间百味。在一茬又一茬的多年生稻栽培过程中，明白"仰望星空与脚踏实地"的含义。从前是睡得、吃得的佛系青年，现在是田间地头干得、和乡亲说得、水田旱地走得、繁重劳作后仍吃得、草屋棚户也睡得的"五得"农科学子。听闻母校成立多年生稻科技小院的消息，我内心百感交集，是喜悦更是感动，曾经挥洒过青春汗水的地方有了更高的使命和更大的责任。我相信在这里奋斗过的学弟学妹们将来一定会怀念这里的点点滴滴。曼拉不仅孕育了我们的多年生稻，也培育了我们每一个人坚强的体魄和奋战未来的勇气。

迎着阳光，"哗啵"作响

我舍不得这里的每一位同学、每一位村民，舍不得这里的一草一木、一山一水。

——李凌宏

李凌宏，2019级，硕士研究生，专业：农艺与种业，研究方向：杂草防治方向，现单位：云南大学农学院。

2019年的9月，对我而言是一个全新的开始。我迈向了云南大学农学院的大门，成为了一名研究生，开启了我梦寐以求的研究生生活。这里的一切对我而言都是新鲜的，是未知的。我下定决心，要让自己的研究生生活过得不留遗憾。开学选导师的时候胡凤益院长就问我们：能不能吃苦？我满口答应，吃苦什么的没问题！毕竟我也是干过农活的人，肯定不在话下。现在想想真的是感谢当初自己的"初生牛犊不怕虎"，才会有了我和科技小院的故事。

2020年的6月26日，因为疫情耽搁了大半年，我终于来到了云南省西双版纳傣族自治州勐海县的曼拉村。我们的多年生稻科技小院就坐落于此，我的故事也由此展开。当飞机落在了西双版纳景洪市的嘎洒机场，我和王坤、何迷激动不已。早就听师兄师姐说过基地的种种生活，终于亲身踏上了这片土地，感觉空气都是新鲜的。我们一路上坐车来到科技小院，沿途的美丽风光让人流连忘返，一切都是那么新奇。当步入科技小院所在的曼拉村，我被震惊了。这真的是边疆村落吗？整齐的绿化带，干净整洁的街道，家家户户没有围墙，这让我对这片土地产生了极大的好奇。

第二天清晨，望着屋外的袅袅晨雾，听着不知名的鸟叫声，我沉醉其中，心中的躁动也平静下来了。这里少了城市的喧嚣，多了一丝宁静。昨日我只是一瞥，未见全样，今日才正式见面：你好，很高兴能认识你，多年生稻科技小院。

新农科如何培养人才？在全国农业专业学位研究生教育指导委员会立项重点课题的支持下，云南大学农学院胡凤益研究员带领多年生稻研发团队，自2020年始立足服务国家脱贫攻坚和乡村振兴战略，秉承农业可持续绿色发展理念，遵循校地合作科技服务生产宗旨，推动农科学子"学农爱农"实践育人模式创新，在云南省西双版纳州勐海县勐遮镇曼恩村委会的曼拉村民小组建立了多年生稻科技小院。这是关于多年生稻科技小院的基本简介。作为科技小院成员的我们，在这里需要做些什么？对于刚在学校接触了半年农业的我，在这里能做什么呢？在这里能学到什么呢？这一个接着又一个的问题扑面而来，但很快，这种局面就被打破了。

根在最深处

我们踏入了科技小院的50亩试验田，张石来老师带着我们下地去给多年生稻杂交后代种群取样调查，跟着黄光福老师学习多年生稻的相关知识。这是我第一次触摸到这种神奇的水稻。胡凤益老师团队20多年的探索和实践，培育出了具有生产应用价值的多年生稻23（PR23）、云大25（PR25）、云大107（PR107）等多个多年生稻品种，在全球多年生作物育种领域具有里程碑意义，实现了稻谷生产方式从一年生到多年生的转变。多年生稻技术是一项轻简化的稻作生产技术。多年生稻的秧苗是从上一年（季）稻桩地下茎的芽上生长出来，从第二年（季）起，基于越冬和免耕技术，稻谷生产不再需要买种子、育秧、犁田耙田、栽秧等生产环节，达到了节本增效、降低劳动强度、减少劳动力投入、减轻农田水土流失等多维效益协调发展。接下来的日子就是老师带领我们下地调查、收获稻谷、考种……每天工作将近7个小时。渐渐地，我的心境从刚开始来到科技小院的新鲜、好奇、憧憬变成了枯燥、烦琐、迷茫。在我们与村民一起干农活聊天的时候，发现很多人这辈子都没有出过县城，对外面的世界充满了好奇。我们跟他们聊外面的世界，他们给我们讲述他们的生活多么丰富多彩。这里的村民对我们十分热心，他们在过傣族节日的时候都会邀请我们去参加，在平时也会带一些特色美食给我们品尝。在科技小院的日子里我们成员之间互相帮助，搭伙做饭，大家都互相帮忙，共同进步。这群可爱、质朴、心地善良的人们让我知道了这才是真正的生活，我们是一家人，这就是我的第二个家。

逐渐适应了这边的生活后，我们的试验工作也慢慢开展起来，在完成试验的同时，经常会有各级领导前来参观指导。当听到前来指导的领导说：

"你们很好，真的太好了，你们就是农业的未来，我很欣慰祖国能有你们这群知识分子扎根农村，为我们国家的农业建设添砖加瓦。"听完这席话，我不禁心情澎湃，是啊！我们的工作具有多么伟大的使命，我们是在为乡村振兴、为了祖国农业的未来在不断奋斗，我们都是追梦人。

2020年12月15日，我们来到了勐遮镇的曼老村，这里的乡村更加偏远，和我们所在的村子天壤之别：进村子坐车都需要半个多小时。这里的年轻人都外出打工，留守的大多是老人和孩子。当我把一袋袋的种子和一袋袋的化肥交到他们手里的时候，他们流露出的惊喜和幸福的表情，这不禁让我泪流满面；在我们还为今天吃什么、明天穿什么衣服的事情而做选择题的时候，他们的生活只有满足温饱。从这一刻起，我的内心发生了巨大的变化，我们既然扎根农村，为的不只是自己的试验，更是为了这一方老百姓能够吃饱穿暖，这让我深感责任重大。在接下来研究生二年级的日子里，我成为了那个和当地百姓以及农技人员接触最多的人。和他们进行交流，去了解老百姓需要什么，有什么生产问题。我的主要研究方向是关于稻田杂草的种群变化规律以及杂草的防控，当他们问及我一些关于杂草的防控时，我可以给他们提供杂草防治方案，我感到十分开心，我所学到的知识没有浪费。

心在最高处

工作生活不分家，我们每天的劳作时间很充足，但是研学的时间只能在晚上。幸好有知网这个平台的支撑，我们晚上会一起研读文献，了解行业最新进展，提高自己的专业知识与技能。我们还举行了小组汇报，每周的星期一晚上汇报自己的试验进展和所学到的知识，查漏补缺完善自己的不足之处。同时胡凤益老师还带我们去各地参加学术会议进行交流学习，在提高自己眼界的同时，也让我们学到了许多科技前沿的知识。

在和农技人员的日常聊天中我也了解到，现在我国农业的发展一靠政策，二靠科技，需要大量的农业科技人才。可是现在的环境下，很多同学都不愿意学习农学，就是怕吃苦，怕受罪。基层的乡村甚至县里有高学历的农业技术人员很少。所以现阶段的问题就是基层有较高学历的农业技术人员很少，出现了不能很好交接的局面。很多地方都是40多岁的老技术人员，不能把最新的技术进行推广。很多学生还是想到科研单位，去到一个比较轻松的工作环境。在这里我有幸认识了一位农业老前辈：李建老师。他与我们分享他的工作历程：从事农业一辈子，每天都与老百姓打交道，他为当地的老百姓带来了农作物新品种，为老百姓创造了实惠。我很敬重他。所以在这里我重新认识了我所学专业，农业的发展需要我们新一代农学专业学生，既然我选择了这个专业就不后悔，坚定地走下去。

随着多年生稻的不断推广，我们多年生稻科技小院也声名鹊起，农业农村部领导、全国农业教指委李建强秘书长、钱前院士、种康院士、华大基因汪建董事长以及云南省政府的各界领导都来到我们科技小院进行参观和指导工作。当他们对我们的工作给予肯定的时候，我们的心里都充满了自豪之情。研究生二年级的下学期，我们多年生稻科技小院迎来了新的一批研究生，作为他们的师兄和基地班长，我认为有义务把自己的经验交给他们。还记得他们刚来的时候也像当时的我们一样充满了好奇和干劲，但是慢慢地也产生了迷茫的心态。看着他们，我就像看到了当初的自己，于是我就经常和他们谈心，开导他们。他们已经来到了科技小院4个多月，每个人都有很大的进步。我觉得，这就是多年生稻科技小院教育的传承，是我们每个人珍惜一生的财富。许总是一家大米公司的老板，他对同学们的改变也看在眼里："其实我觉得更大的改变是他们性格的改变，以前很多学生在这总是苦着一张脸，现在浑身都有一种向上的劲头，干活更主动了，这是一个从被动到主动的过程，我觉得比身体素质的提高更加难得。"

现在正是丰收的好时候，来到多年生稻科技小院一年多了，我感觉我成长了很多，不仅仅是知识的积累和身体素质的提高。通过跟各行各业的人们打交道，我学习到了很多书本上学习不到的知识，同时我的内心相比之前有了很大的改变，从以前的眼高手低、心高气傲到现在的脚踏实地、重视实践。我很幸运能遇到这么好的老师和这么淳朴友善的老百姓，这将是我一生宝贵的财富。

还有半年我就要离开这个温暖的大家庭回到学校，每当想到这里我就很感伤，我舍不得这里的每一位同学、每一位村民，舍不得这里的一草一木、一山一水。相聚总是要别离，我会珍惜接下来在科技小院的每一天，去给更多的老百姓带去我们的多年生稻，给他们带去技术和切实可见的收入。在未来的日子里，若多年生稻科技小院还需要我的建设与付出，我将继续勇敢地站在科技小院这一广阔的舞台中央，像袁隆平院士所说的那样：心在最高处，根在最深处。迎着阳光，"哔啵"作响，用自己的知识和力量，做一名有抱负、肯努力、肯奉献的新农人。

科技小院
——我的，
我们的

当村民们笑的时候，我也会跟着一起笑。因为我知道，他们的笑里有我的一份，有科技小院的一份。那些可爱的村民是我的好朋友，他们做的饭很好吃。那片田我下过无数次，我们为它倾注了心血。科技小院中的荣耀与挫折、欢乐与难过，我们都在一起体验、一起成长。科技小院的酸甜苦辣我将会一辈子回味无穷。

——王坤

王坤，2019级，硕士研究生，专业：农艺与种业，研究方向：稻米品质，现单位：中国人民保险公司（苏州）农业保险分公司。

为农兴，小院立

习近平总书记在给全国涉农高校的书记校长和专家代表的回信中强调，以立德树人为根本，以强农兴农为己任，拿出更多科技成果，培养更多知农爱农新型人才。新时代，农村是充满希望的田野，是干事创业的广阔舞台，我国高等农林教育大有可为。

为了响应党的号召，为了提高农民的生活水平，为了培养更多的知农、爱农型人才。云南大学/云南省多年生稻工程技术研究中心胡凤益研究员于2019年带领农业专业研究生深入云南省西双版纳州勐海县勐遮镇曼拉村，深入云南边境农村和农业生产第一线，建立了全国第一个"多年生稻科技小院"。

泪汗洒，硕果盈

多年生稻科技小院驻扎曼拉村已经有两年了。在这两年里，科技小院长期有5～10名研究生和2～3名青年教师在基地中驻扎，以便可以随时了解农民情况，解决农民问题。通过开展农民培训、田间观摩、农民田间学校、科技长廊等活动把多年生稻技术和知识传播到当地农户，并给予栽培指导。多年生稻的推广，大大减少了农民的劳作时间，劳作强度的同时还大大增加了农民们的收入，给边疆少数民族农民带来丰收喜悦。物质丰富的同时，科技小院还重视精神上的充实，科技小院组织开展各类文化活动，如唱歌比赛、跳舞晚会等，来自不同地区、不同省市的学生带来了各地独特的文艺，这与西双版纳的傣族文化相互交融，相互促进，极大地促进了村民们和学生们的精神生活，热闹了日益冷寂的村庄，形成了尊老爱幼的村风，提高了农民的幸福指数，促进了少数民族乡村的文化振兴。而科技小院培养的学生更是不忘初心，一步步逐渐成为助农、护农的主力军。

如从科技小院"毕业"的李小波同学，毕业之后留在了这里，成为了农业技术推广中心的一员，继续奋斗在助农一线。

疾风起，不言弃

多年生稻科技小院不仅给当地农民带来了先进的农业技术，真真切切地提高了他们的收入，更是为与农民同吃、同住、同劳动的科技小院成员带来了成长。我驻扎在科技小院已经快一年了，还记得当初刚来到多年生稻科技小院的所在地——曼拉村的时候，从未接触过的全新环境迎面而来，让我有点不知所措。语言的不通和文化的差异让我和当地的村民很难沟通，彼此间只能通过打手势来交流。这些让我一度对村民们带有偏见，认为他们不喜欢我，不愿意和我合作。试验方面也遇到了很大的挫折，第一次下水田时，从未下过水田的我摔了一个大跟头，不到两分钟，已经全身都是泥巴。经常是人还在前面跑着，水鞋已经在我后面了，被老师们戏称为：灵魂跟不上肉体。

所遭遇的这一切让我觉得日子过得好苦，这种苦不只是物质上的苦，更有的是精神的痛苦，这才是真正的折磨。在那段时间里，我变得越来越封闭，我有了很大的精神压力，每天想的不是怎样去融入这里，而是像祥林嫂一般抱怨这，埋怨那。我被困在一种被动的、负面的情绪中，今天的不满加重了明天的痛苦。我变得越来越消极。而这一切都被老师们看在眼里，老师们不仅仅是在试验上尽心尽力地帮助我们，在生活上更是时刻关注着学生们的精神状态。经常私下里鼓励安慰我们，老师们会分享他们年轻时的经历，告诉我们的路并没有走错，但相较于聪明，坚持才是最重要的品质，坚持不只是坚持完成试验，更是坚守本心，不要浑浑噩噩地过完一天。当他们看出了我们的情绪有些低落时，会下厨给我们做好吃的，还会组织篮球赛，用汗水来冲刷泪水。就这样，时间一点点过去，我也从当初的挣扎中走了出来。在这之后，我总结了当时情绪低落的原因：对自己的生活缺乏掌控感，一直是以一个被动的姿态，老师让我干啥我就干啥，虽然事情是做了，但是情感上没有加入进去，这可能就是老师说的浑浑噩噩地过完一天吧。还有一个原因就是觉得自己做的事没有价值，感觉不到意义自然就产生不了动力。而我现在的心态之所以有这么大的改变是因为懂了一个道理：世界发生的事是以你对它的看法而影响你的，之前我觉得我的工作没有价值，所以很消极。可是后来我发现我做的事情对于农民有很大的帮助，当看到村民们提着自家种的水果蔬菜来看望我们的时候，当我把自己种的米分享给朋友家人看到他们的惊喜后，我知道了，原来意义藏在他们的笑容里。而这一切都是科技小院带给我的，它像一座桥，把我和村民的心连接在了一起。

小院初，传"稻"之

我在这里做的，远远不及科技小院给我的，科技小院这座桥，不仅连接了我和村民，更是连接了我和社会。它不仅传授了我学业的知识，更是让我更进一步地接触了社会，让我以后的路走得更加顺畅。

胜非其难也，持之者其难也。终有一天，我将会从科技小院"毕业"，但我已深深扎根在这片土地上。科技小院教给我的，我要把它带给更多的人。决心不灭，小院长青。助力国家乡村振兴，我们在行动！

江山客思满，云水稻田空

　　我喜欢坐在田垄上，看着田里弯着腰的身影在稻丛里时隐时现。轻风无声息地拂过，金黄色的稻穗迎合着，像丝绸一样柔滑地荡开，淡淡的稻香和着阳光的温暖气息在空中轻快地打了个旋，钻入鼻尖，柔柔地扩散心间。我呆呆地伸出手，天真地想挽住那抹香，却总是扑了空。

——何迷

　　何迷，2019级，硕士研究生，专业：农艺与种业，研究方向：多年生稻物质分配策略研究。

初来

我是在傍晚来到曼拉村的，从路口再向前走几百米，映入眼帘的便是青葱的树木和金黄的稻田。光秃秃的水泥路边是旖旎美丽的甘蔗海，两旁树木，青葱疏朗，沿着东西方向延伸。有几处高耸可见的小建筑，慢慢走近，还会看到很精致的小亭子。每到一处都感觉很新鲜，好奇。一切都是那么的陌生，陌生的桌子、陌生的床。一切都才刚开始，怀揣的一种忐忑，我没有感觉到温馨快乐，一切都是冷漠和孤独。版纳炎热的晚上，我的心中却是寒冷的，在陌生的环境中，我还没有适应过来，仿佛连空气的味道都变了，心中一股搅动。

天色微亮时分，不知名的鸟儿叫声便响彻了乡野，总是唱着一曲不为人知的调子，声音浑厚冗长，穿透力十足，唤醒晨时沉重的身躯。这曲调子越过田野庄稼，越过树林和溪流，越进基地的院子里，唤醒熟睡的我。我睡眼惺忪地推开宿舍的门，便可见鸟儿拖着尾巴自房前飞过，它们不时停在枝头窃窃私语，不时在山谷间互相追逐嬉闹，数量之多，形态之异，让人不禁跟着一同雀跃起来，感叹一声：又是热闹的一天。

第一次踏入了基地，黄灿灿的一片，成熟的稻谷在风里摇曳，像一片金色的海洋。站在路边望着稻田发愣，稻田里的气象站在风里对着我笑，静静地守护着那成片的稻田。我突然幻想，夜深人静的时候，它们一定会和大自然说悄悄话，听风儿为它们唱歌，它们发出呼呼的笑声，记录着这片稻田的风雨。

看着这片稻田，我便想起来了故乡的稻田。故乡的田都是坡田，有一道道用石头砌起的坎，高者三四米，低者不足一米，全部是用一个一个不规则的石头叠加垒砌而成，把农田的水土围护起来。从远处看，一道道田坎，如结实的臂膀，把庄稼护在大地的怀抱，不让恶风刮去农民的收成。一层层的坎，如一根根绳，一条条链，与田野缠绵着、纠结在一起，显现出田野婀娜多姿、曼妙迷人的曲线，乡亲们在田里耕耘，那牛、那人、那树，就成了依偎在田坎的一个个五线谱符，一首田园诗里的特定标点。几十上百道田坎，如动感十足的龙蛇，扭在一起，构成一幅雄浑奇丽的画卷。

记忆中的父亲是村里种田砌坎的高手，他砌的田坎是齐整精致的，从河滩上、从溪沟里、山野里捡来的石头，好似他前世的熟人、知己，在他长满粗茧壳的手里，变成了一个个听话的小孩儿，乖乖地，俯首听命，大大小小的石头，在父亲眼里，只要质地坚硬的，都是有用之材，大的作基础，小的作垫石、塞坎缝，形形色色的石头堆积在一起，因为有我父亲高超的砌坎技术，而石尽其用，比待在山野当千年绊脚石风光多了，因为有父亲的重托，它们从无怨言，在田坎，由我父亲安排岗位，承担起护卫农田的使命。从远方看去，那一圈一圈一屯一屯的田坎，就是父亲脸上的一轮轮皱纹，田里的禾苗，就是父亲嘴角和下巴上长出的胡须。

故乡的稻田里充满了我的回忆。故乡的人总是很勤奋，烈日当空，却总是有人在田地里不曾离去，手里捧着饭盒坐在田埂边上吃，吃完了接着干。那时的我约莫八九岁的样子，跟着邻居家的孩子游走在田埂边上，田边的水沟里有小鱼和虾米。好奇心驱使，我们想着要抓小鱼、抓虾米，或者到田里尝尝割稻谷的滋味。父亲总会在我们蠢蠢欲动，挽起裤脚准备下田之前把我们叫回家。小孩子贪玩，况且我们不曾农耕过，他担心我们万一出点什么事可不得了啊。于是，我只能在家里乖乖地待着。窗外很吵，我趴在窗上，看着人们来来回回的身影。

熟识

秋风习习，我习惯了独自一人走在去田里的小径上，到处都是黄澄澄的稻子，颗粒饱满，沉甸甸地随风摇曳，飘散出醉人的芳香，翻腾着滚滚的金波。"哗，哗哗……"风吹过稻田，吹出一阵阵属于稻田的音乐，让人陶醉。

我喜欢坐在田垄上，看着田里弯着腰的身影在稻丛里时隐时现。轻风无声息地拂过，金黄色的稻穗迎合着，像丝绸一样柔滑地荡开，淡淡的稻香和着阳光的温暖气息在空中轻快地打了个旋，钻入鼻尖，柔柔地扩散入心间。我呆呆地伸出手，天真地想挽住那抹香，却总是扑了空。田间的水沟总是流水潺潺，连绵起伏的水稻依然散发淡香，坐在田垄上，沉浸在稻花香里，看着泥土半掩着几朵落花，我眼前浮现的是一片稻田。水稻幼苗生长着，开了花，结了稻穗，被收割下来，养育了一方人；冬去春来，农人又插下秧苗，周而复始，生生不息。我忽然明白，时间从不会停下脚步，旧的结束，会有新的开始，人总是要向前看的。我已经长大了，需要对自己的行为负责，为选择努力。经历过一段时间的基地生活，发现与我所想象的生活差距太大。辛苦、机械地重复工作，我一度于此感到厌烦。无论是什么东西，获得就意味着舍取。我想要褪下浮华，安心读书，不局限于当前的基地生活，放眼远处，自有精彩之地。在农学的路上有无数的事情，等着自己去尝试和发现。多尝试，才知道你有什么才能未被挖掘，再坚定好自己的路。我怕像方鸿渐一样，满腹才学，只因自己的圈子已定，无处施展，郁郁不得志，哀叹不已，在遗憾中度过一生。如果你也在迷茫，那么静下心来，想想，什么是你自己想要的，你就知道接下来要做什么了。

渐知

渐渐地，来西双版纳已经第二年了。西双版纳天上的云总是很闲散，尤其是在夏天，白白的一团一团慵懒地堆在山峰上，风不起，它不动。树上的鸟儿总是飞得很慢，就静静站在电线杆上望着你，歪着头若有所思，毫无惧意。

随着时间慢慢流走，阳光的光线也在不断变幻。傍晚，夕阳的光洒满了院子，从田里回基地的路上，背着大书包的孩童在黄昏时分踩着夕阳的尾巴回家，在老人们的故事中入眠，等夜虫的啾鸣声渐被夜色吞没，一天，就这样悄悄结束了。熄了灯，窗外的月光便投进窗子，透过窗子可见满天静静繁星，你对它们说：晚安啊；它们眨着眼睛，似乎在对你说：好梦啊。

　　山中时而松竹摇曳，山雨欲来；时而鸟虫啾鸣，不知光阴荏苒。古人一袭竹榻，一壶酒，一卷书便可悠然度日，今虽无那般纯粹的心境，却也能在与世无争的桃源里日出而作日落而息，晴空里农耕劳作，雨幕下喝茶赏文。

　　两年感觉很久，可是一转眼我们也度过了。在这里不管是生活上还是工作上，我在不同的人和事上学到了很多东西，使我受益匪浅。老师同学们生活在一起，一起劳动、一起学习、一起进步，同时加深了我们之间的感情，也提高了我作为一名农业研究者的素质和意识。我国是一个农业大国，有着几亿的农民。农业的发展需要农业科技人才的推广助力，就目前背景下，很多同学都不愿意学习农学，觉得学农没有前途，同时也怕吃苦，怕受罪。我的父母就是地地道道的农民，我也是在田间地里跳蹿着长大的。但这么多年就从来没有见到过有农业相关的人员去给我们的村民普及农业知识，大家都只是凭借经验种田种地。或许是我们的村子太小，没有什么特别的地方，所以不会有人关注，但也可见基层的乡村还是存在挺多问题的，有高学历的农业技术人员相对较少，不能把科研的最新技术应用到农村进行推广。我们的科技小院使我重新认识了我所学专业，认识到了农业的发展需要注入新鲜血液，既然选择了远方，便只顾风雨兼程。学好专业知识，是作为一名学生该有的素养，但专业以外的许多东西或许更能让我们明白什么是真正的学习，可以说在基地锻炼了我们脚踏实地的工作作风，培养了我们吃苦耐劳的精神，学习了如何进行人际交往，并且提高了团结合作的意识。在基地的生活中我还深深体会到科技兴农、实干兴农的重要性，同时运用科学方法种田，起到增产又增收的效果。

展未

　　农业是经济之本，农村是国家之重，农民是社会之大。农业是国民经济的基础。中国的农业随着历史车轮在向前迈，是一代代农人努力，奋斗的目标。

我们在基地实践过程中，能够接触知名学者专家的具体操作和讲座，认识当前农学的发展形势、环境条件等宏观现象，能够接触真实的实地操作，了解自身存在的不足，并积累一定的经验。多年生稻对云南农民来说不算是新鲜事物，但是，我们基地结合生态气候特征、农民传统种植习惯以及部分水稻品种特征特性进行了相应的研究，研究出了多种地区的栽培模式。多年生稻在农民群体中缺少相关的栽培技术及管理经验，首先改变农民群众在农业上的传统思想，科学施肥、科学管理，提高作物产量，使农民在短期内认可了多年生稻。同时，科技小院还在多地开展了示范种植，取得了较好的成果，种植多年生稻有效地改善了当地农业发展的状况，提高了土地利用率，对促进农业发展和增加农民收入有着显著的社会意义和经济效益。

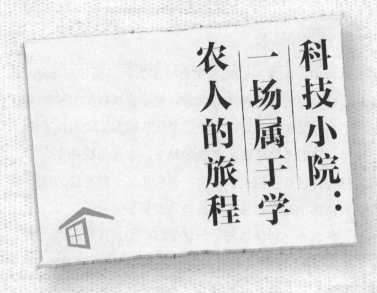

科技小院：一场属于学农人的旅程

在科技小院已然形成了一种习惯，每日必去关怀秧苗，并进行拍照，记录其生长情况，用文字分享每天管理水稻时的喜怒哀乐，思考问题，寻求答案。在这样简简单单却又富有规律的持久生活中，不经意地，我和水稻之间产生了深深的感情。口渴时，我会想，水稻也应该缺水了；饥饿时，一片丰收节的景象浮现眼前，它们也应该补充营养了。

——黄静

黄静，2019级，硕士研究生，专业：农艺与种业，研究方向：多年生稻耐冷性遗传改良。现单位：昆明海源中学。

　　自古圣贤之言学也，咸以躬行实践为先，识见言论次之。曼拉村多年生稻科技小院在胡凤益老师的指导下，师生长期驻扎乡村和生产一线。书本上的知识掌握好了，还得需要实践转化成我们自己的经验，将理论与实践相结合，调研与考察相结合，由浅至深，由总至细，在学习道路上循序渐进。

　　"春种一粒粟，秋收万颗子"。从"春"到"秋"，从"一"到"万"，多数人能体会到的，是季节更替和收获的喜悦，而太多的艰辛和汗水，等待与期盼，却只有亲历耕作的人才会懂。盘中之餐，"粒粒皆辛苦"。此言不是说教，也不是夸张，一粒谷种变成白花花的大米真的要经历很多。

　　2020年7月6日，开启了我的学农旅程第一站——科技小院。初到曼拉村，映入眼帘的是蓝天、白云、绿油油稻田，宛如一张美丽的画卷。接下来的日子就是驻扎在科技小院，体验农村生活。刚开始很快乐，对这里的一切都感到很新奇，但随着时间推移，生活渐渐归于平淡，开始想念校园的时光。

科技小院风景如画（附彩图）

——拍摄于2020年7月6日，曼拉村

在科技小院已然形成了一种习惯，每日必去关怀秧苗，并进行拍照，记录其生长情况，用文字分享每天管理水稻时的喜怒哀乐，思考问题，寻求答案。在这样简简单单却又富有规律的持久生活中，不经意地，我和水稻之间产生了深深的感情。口渴时，我会想，水稻也应该缺水了；饥饿时，一片丰收节的景象浮现眼前，它们也应该补充营养了。8月中旬是水稻生长期中天气最恶劣的时候，也是决定能否丰收最关键的管理时期。不怕酷暑，我和水稻在科技小院一起度过了第一个暑假，我们都成长了许多，它是长了个头，还慢慢开花结实。丰收季是农学学子最激动人心的美好日子，尽管细雨飘飞，但阻挡不了我们的喜悦心情。

西双版纳夏天的气温常在35℃以上，头顶烈日，皮肤晒得红红的，汗水浸湿衣裳成了家常便饭，在田里工作一天，衣服上全是白色的盐渍。在科技小院待得时间长了，审美都会悄然改变。浅色不耐脏，黑色太吸热，亮色的衣服又容易引来飞虫。因此，我们去买衣服时看到灰色薄款长袖就

收获满满

——拍摄于2020年8月23日，曼拉村

不由得很兴奋，心想"哎呀！这衣服好，特别适合下田"。除了衣服，不得不说一下我们的水靴——过膝长筒靴，田埂是我们的秀场，土到极致就是时尚。我们还将劳作的日常拍成短视频，取名叫"曼拉大学种水稻"。

在田间劳作完，最期待的吃饭时间到了，胡老师为了把我们培养成"上得了学堂，下得了水田，进得了厨房"的生活小能手，让我们轮流做饭。但做饭对我来说是个难题，提前一天选好菜谱就开始钻研教学视频。眼睛会了，手不会，跟着视频手忙脚乱地进行每一个步骤，好在我的小救星何迷来了，在何迷的帮助下完成了人生第一餐，满满的成就感，接下来的日子里我的厨艺突飞猛进，生活技能得到大大提高。白天张石来老师和黄光福老师带领我们田间实践，晚上胡凤益老师开设"曼拉基地课堂"，为我们

胡凤益老师给我们上课

——拍摄于 2020 年 8 月 26 日，曼拉村

传授理论知识、答疑解惑。他是一位令人敬佩的老师和关爱后辈的长者，常鼓励我们学农爱农，要做到"五得"，即干得、说得、走得、吃得、睡得。能在田间地头里干得，能和邻里乡亲们说得，能在水田旱地中走得，能在繁重劳作后吃得，能在茅室棚户里睡得，"五得"里皆是智慧、汗水和毅力。

　　来到曼拉村之前，我印象中的村寨都是年轻人外出务工，留乡的老人家福寿绵长，稻田荒废，杂草丛生。然而曼拉村却是不一样的景色，附近村寨的稻田不少，路边随处可见，水稻颜色青黄，尚待收割。司机师傅载着我们去往城里，路过其他村寨，指着那块半亩方塘的地，说："看！那就是我家的田！"尽管这里也存在劳动力流失的情况，但老人依然在田间劳作，那是因为村民种植的是多年生稻，与传统水稻相比省去了烦琐的生产步骤，不需要再买种子、育秧、犁田耙田、栽秧等环节，节约成本、降低劳动强度，只用播种一次，连续收获二至三年，实现了增收增产，造福了

稻穗弯弯

——拍摄于 2020 年 8 月 27 日曼拉村

农民。那一刻，我为自己是多年生稻科技小院的一员而自豪。解民生之多艰，尽管我们每天做着重复而辛苦的田间工作，尽管经历毕业、就业等各样艰难的门槛，但我们的研究是为了让整个社会的生活更加高质量。

　　两年前那个金色的七月让我收获了不少珍贵的果实，这些果实不仅仅包括学习知识的方法与技巧，更重要的是从几位可爱的老师们身上学到了认真负责与无私奉献的精神。科技小院的特殊经历是一段路，也是一段难忘旅程。

在多年生稻
科技小院的
日子，累并
快乐着

在犁田耙田育秧插秧的过程中，我深刻体会到了农民种田的艰辛，同时也认识到多年生稻技术研发和推广应用的重要，并为自己能成为研究和发展多年生稻的一员而感到自豪！

——曾许鹏

曾许鹏，2020级，博士研究生，专业：保护生物学，研究方向：多年生稻稻田土壤氮转化效应。

作为一个农学学子，将课堂理论学习与农事劳动实践相结合，自己才会真正学到知识牢记于心并有所创新。2021年2月，在中共中央办公厅和国务院办公厅印发的《关于加快推进乡村人才振兴的意见》中指出，引导科研院所、高等院校开展专家服务基层活动，推广"科技小院"等培养模式，派驻研究生深入农村开展实用技术研究和推广服务工作。"科技小院"是现代农业科研、技术创新与服务和人才培养的新模式。小院虽小，却承担着乡村振兴的科技重任。"科技小院"一头连着高等学校，一头连着田间地头，把课堂搬到了田间地头。"小院"是建立在农村、企业等生产一线的集农业科技创新、示范推广和人才培养于一体的科技服务平台，是学生的田间学校，让学生的耕读生活不断得到锻炼和发展。

在全国农业专业学位研究生教育指导委员会的指导下，云南大学胡凤益团队与宝云香稻农业开发有限公司在云南省西双版纳州勐海县勐遮镇曼拉村建立了多年生稻科技小院。科技小院有试验田100余亩，常年有5～10名研究生和2～3名青年老师驻扎。以科技小院为载体，将农业科技研发和农科人才培养相结合，以此培养农科学子的"三农"情怀、培养农科学子成为祖国乡村振兴建设的主力军。"小院"二字，寄托了接地气、与农民打成一片之意。科技小院打破以往象牙塔里的学习模式，师生们扎根在农业生产一线，与农民同吃同住，在使理论知识与专业实践相辅相成的同时，让学生和农业有了更深的感情。多年生稻科技小院自建立以来，成员不断增加，科技小院里的学生、老师和曼拉村村民间友情不断加深。

我自己于2021年2月月末入驻多年生稻科技小院，在科技小院学习生活已有4个多月，逐渐适应了科技小院的学习生活。水稻的种植过程很辛苦，既要天时地利人和，还要品种优良等。多年生稻是种植一次可以收获多年（多次）的水稻，且在第二季之后无须育秧、犁田耙田、栽秧，只须田间管理的稻作生产方式，达到减少劳动力投入、降低生产成本、减轻水土流失的目的。来到云南大学曼拉试验站之前，我们在学校课堂里只是学习了解了多年生稻，有的同学甚至连田里活生生的水稻都未曾见过。在云南大学曼拉试验站，白天，我们在老师的带领下进行选种、浸种、催芽和下田耙田育秧插秧等操作，晚上进行理论学习阅读文献，学习如何进行地块的选择、畦沟宽度要求、水肥管理及病虫害防治等知识，为明天的田间农事活动及调查项目做好准备。记得自己初到科技小院正值栽秧农忙时节，每天7点多起床，8点准时到地里进行田间试验，下午6点随着晚霞回到宿舍已是筋疲力尽。自己的试验处于起步阶段，万事开头难，从试验设计、田间区划、起埂、施肥、栽秧都是一步一个脚印走下去。自己看过别人栽秧，然而却未曾亲手栽过，当自己从田埂走进田里的时候整个水鞋就陷入了田中，此时自己一步一个脚印在泥田中拖行，干完一天活下来，全身已是一身泥巴。起田埂是一个费心的事儿，刚用锄头起好的田埂因含水量较多较软，没过十分钟又软趴了，得反复扒拉田埂几回才能把田埂做好。栽秧则是一个费腰的活儿，每一个小区需要插上上千棵秧苗，插一棵秧苗弯一次腰，动作重复多了腰就受不了了，每二十多分钟就得伸直了腰休息个四五分钟。从犁田耙田育秧插秧的过程中，我深刻体会到了农民种田的艰辛，同时也认识到多年生稻技术研发和推广应用的重要，并为自己能成为研究和发展多年生稻的一员而感到自豪！

初到曼拉村，语言的不通和文化的差异让我和当地的村民沟通困难，彼此间只能通过打手势来交流。我对傣族文化习俗所知甚少，为了尽快融入当地，被当地村民所认可，老师给初到科技小院的我们介绍了当地的风俗习惯和注意事项，并带领着我们到村民家串门聊家常交流感情。渐渐地，我学会了如何与村民们打交道，初步了解了他们的语言及其如何发音，知道了在傣语中老阿婆称为"老咪头"或简称"咪头"，而老公公则称为"老伯头"或简称为"伯头"，而"猫哆哩"是傣家对男孩子的称呼，"哨哆哩"是对女孩子的称呼，就像汉语叫的"小伙子""小姑娘"。我不仅了解了傣族文化融入了当地傣族人家的生活，同时还能用当地语言和村民进行正常的交谈，学到书本上所学不到的知识。与村民们的近距离接触，充实了我们的知识结构，完善了我们自身的专业理论体系，获得了更多实实在在的知识和技能，并与曼拉村的村民们建立了互信和紧密的联系。

　　纸上得来终觉浅，绝知此事要躬行。农业科学家不下田，就不可能做出创新成果。理论与实践是一体的，理论与实践不可偏颇。理论为科研指明方向，方向对了，科研才会出成果。实践是科研的归宿，正确理论指导下所获得的科研成果，须回归实践，才有实在价值，才真正有益于社会。我在多年生稻科技小院的这些日子里，累但快乐着，在科研学习劳作苦累中不断进步，并在不断进步中快乐成长，对农业有了更深的感情。

勤耕读『慧』
种稻——在
田野中成长

　　在科技小院的日子里，我们留下了辛酸的泪水、真心的微笑、坚强的背景，也收获了实践的知识，这些构成了我生命中珍贵的回忆。

——唐筱韵

　　唐筱韵，2020级，硕士研究生，专业：农艺与种业，研究方向：多年生稻技术应用与乡村振兴。

　　2021年2月19日，怀着忐忑又兴奋的心情，我踏上了前往多年生稻科技小院的路途，在路上我一边和老师交流近期的学习心得，一边思考着自己在科技小院的工作安排与学习计划，憧憬着以后的驻点生活。从昆明到西双版纳，从亚热带高原季风气候到热带季风气候，植被不停地在变化，温度越来越高，天气逐渐闷热，未知和陌生带着我的心也渐渐躁动起来。我们生活工作的地方位于西双版纳州勐海县勐遮镇曼恩村委会的曼拉村，这里整个村寨都是具有傣族民族特点的建筑物，绿化做得很好，道路也特别干净，和我所想象的农村寨子完全不一样。老师介绍说这里是云南省农村综合改革试点村，也是远近闻名的美丽乡村。我们居住的地方就在曼拉村里，非常安全，基础的生活设施都很齐全，生活条件有保障，还有自习室可以早晚认真学习。站在山坡上，我觉得这里充满了大自然的气息，烟火气、虫鸣声交织在一起，山回路转，绿树成荫，一切的一切都像是一幅美丽的画卷，而我们这支进驻的队伍成了这幅画卷中的一束光，似乎我们打破了它的沉静，让它多了一丝喧嚣，可它也并没有失去它的韵味，显得愈加动人。在收整好行李和住所后，我们的科技小院学习之旅就正式开始了。

美丽乡村

每一天，我们都按时起床出发，迎着清晨的露水，踏上去大田的路。从宿舍走到大田需要十分钟，在这来来回回的乡间小路上，我们见证了路边光秃秃的田里种上了水稻苗，见证了水稻翠绿生长到金黄成熟，见证了我们每个人的心态从皱巴巴的不适应到此时的热情拥抱、欢快歌唱。

去大田的路

这是一条并不顺风顺水的"路"。当朋友圈里的同学在晒旅游的风景，分享品尝美食的心情，身处繁华都市的灯景时，我们却背上行囊，从城市来到乡村。在村里，我们与农民同吃同住同劳动，一开始很不适应农村的生活，觉得这里交通不便利，设施不齐全，后来我们慢慢地感受到了农村的美丽，村民的热情，景色的优美。在这里，我们每天都需要自己做饭，对于我这种不会做饭的同学有点小苦恼，但是经过胡老师亲力亲为的教导，看视频学习，打电话给父母请教，我现在也能做出不错的饭菜了，这里的每位同学都有了自己的拿手好菜，大家都准备下次回家的时候给爸妈露一手。多年生稻科技小院不仅让我们学到知识，同时也培养了我们的生活技能。每天拎着新鲜的菜蔬、沉甸甸的肉走到科技小院的厨房，在欢声笑语中，它们会变成一盘盘精致的佳肴，抚慰一天疲惫的身心。

胡老师教我们炒菜

这次驻扎科技小院让我们更直观地了解学习水稻完整的生育周期，从插秧开始我们就全程参与，大家一开始都不会干，到后期各个都变成了插秧小能手，插得又快又好，后期的田间活动也干得很不错，大家学会了怎么干农活，怎么使用田间实验仪器。插秧完成后，水稻就在田里面快乐生长了，嫩绿的叶子在风中摇曳。这个时候的水稻很娇小，大概只有两三片叶子，这也是秧苗最脆弱的时候，我们需要管理好杂草，进行灌溉、施肥等各种操作。这个时候的水稻几乎没有茎秆，主要还是扎根和长叶子用来进行光合作用。慢慢地水稻开始长茎秆，变苗壮。水稻长出茎秆后，叶子变成墨绿色，叶面积也逐渐增大，水稻从10厘米不到的秧苗慢慢分蘖，最后一抓一大把。这个时候的水稻是真的很好看，一望无垠的绿，一马平川的整齐。再过一段时间，水稻开始孕穗了，稻秆开始长稻谷了。从孕穗到出穗大概只要10天的时间，可以看到一株株包在一起笔直的稻谷穗冒出头。出穗后就是扬花，稻谷壳里面的稻米从稻浆慢慢凝固成稻米，当灌浆完全结束，水稻也就变成金灿灿的、果实累累的了。稻子熟了，春华灼灼，秋实离离，岁稔年丰，穰穰满家。

打除草剂　　　取样调查　　　　取土样　　　　　收集气体

日常的田间劳作

丰收的喜悦

　　学习、总结、再学习，在生产中边向农民学习，边教农民、边做科研，这正是我们这些农学研究生的成长方式。行文之日为2021年7月19日，整整五个月的时间，变化的不只有台历上的数字，还有我们的肤色，许多同学和我一样在此之前都没有进行过农事活动，来曼拉多年生稻科技小院之前大家都白白净净的，现在经历了一个完整的水稻生育期后大家都黑了不少，同时也精干了不少。我们每天日出而作日落而息，在田间地头忙活的同时也学习到了更为立体的水稻知识。在实际操作中，我们向当地的农民学习如何更加高效地干活，在科学理论方面，农民向我们请教，遇到我们知道的知识，就会认真地教给农民，有时遇到不懂的问题，我们就查资料、问老师，把问题搞懂，再帮助农民解决他们的具体生产问题。在这个过程中，我们学到得越来越多，对自己有了一定的提升，也培养了自己的科学态度和科学精神。

　　在科技小院的日子里，我们留下了辛酸的泪水、真心的微笑、坚强的背影，也收获了实践的知识，这些构成了我生命中珍贵的回忆。成长向来都是打破认知的，我不害怕跌倒，更不拒绝不足。只有经历了生活的磨砺，我们才能唱出更动听的人生乐曲，才能让人生之花开得更加绚烂。只有亲身感受才能真正了解到民生之多艰。亲身的体验，让我真切感受到农民的辛苦和农业现代化的迫切需求。如何改善农业和农村的面貌，不仅是村民们的需求，更是我们未来学习工作的方向。耕读有道，后稷有人。守初心，担使命，坚持以推动中国农业进步与发展为使命，了解传统农业与现代农业，懂农业、爱农村、爱农民，培养大国情怀与责任担当意识，为助力乡村振兴做出应有贡献。能够在农村这片广阔天地放飞科技翅膀，能够给当地农民带去帮助，是我们新一代学农人的责任与担当！

多年生稻试验田合影

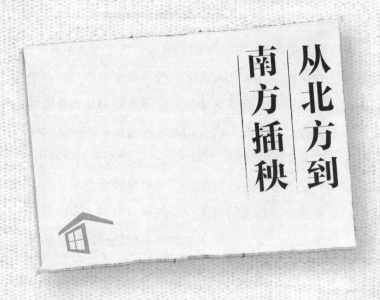

从北方到南方插秧

当胡老师说道"乡村振兴，到底是谁去振兴，又去振兴谁"的时候，我陷入了沉思，乡村振兴不只是一句口号，它需要实实在在的行动。作为农学专业的研究生，乡村振兴，我们义不容辞。

——李军

李军，2020级，硕士研究生，专业：农艺与种业，研究方向：多年生稻土壤生产潜力。

从具有中国特色的农时节气，到天人合一的生态伦理；从山水相依的乡村聚落，到巧夺天工的农业景观；从耕读传家、诚信重礼的乡规民约，到父慈子孝、邻里守望的乡风民俗；都是中华农耕文明的标签。在这样一个大的背景下，我踏进了农业这个门槛，细细数来，已四年有余……

作为一个地地道道的北方人，米饭倒也是常吃，但要说起田间的水稻，脑子里却没有一点印象。就这样，怀着对水稻的好奇心，来到了多年生稻课题组进行自己的研究生生活。在确定进入这个团队之前，胡老师就向我们提出了四点要求：一是中文要好；二是要有一定的数理统计能力；三是英语不要太弱；四是至少在田间待一年。这看似简单的四点要求，真要落实下来，其实并不像想象中的那么简单。

2021年2月20日，大年初九，春节的气息还未散尽，老家的人们还在忙着走亲访友，我已经来到了美丽的西双版纳，开启了我的插秧之路。不知是南北方的差异，还是人与人的差异，当北方的人还在惬意地消遣时，这里的人儿已经投入到劳作之中。那是我第一次见到稻田，我以为水稻小时候和小麦也没什么区别，只是密度比小麦大了许多。后来我才了解到，是我的无知迷惑了我，那时我看到的是秧田，所谓的稻田是需要从秧田里面移秧过去，经过精准的插秧环节，才能真正成为我们口中的稻田。说到这里，感觉水稻的一生真的太烦琐了，犁田耙田，育秧移秧，这一连串的环节走下来，不知要耗费多少人力物力，更何况，放眼望去，田间劳作的基本都是老人，年轻人寥寥无几或者可以说是没有。如果水稻的生产过程再这样烦琐地进行下去，不说是粮仓会不会受到威胁，就拿眼下的农田来说，恐怕也无人再去守候。

而我，比较幸运。首先，有幸进入了多年生稻课题组，胡老师团队研发的多年生稻品种可以省去犁田耙田、育秧移秧这些烦琐的生产环节，将水稻生产向轻简化推进，既保证了中国粮仓的安全，又保住了眼下的农田。其次，有幸来到曼拉试验站多年生稻科技小院，并成为其中的一员，在科技小院的日子里，我们与村民同吃同住，进行各项研究试验，为科技小院的发展贡献了自己的一份力量。最后，有幸赶上科技小院"3.0版本"，最初的科技小院条件是很艰苦的，一切都在摸索中进行，而现在我们有了完善的规章制度，有了基本的仪器设备，有了明亮的自习室，科技小院"3.0版本"正在向我们走来。

作为多年生稻科技小院的一员，插秧是最基本的一项技能。吃了这么多年米饭，这还是我第一次插秧种田。作为一个北方的农村娃，我由衷地钦佩农人，他们眷恋着土地，忠实于大地；他们精心编插着承载希望的秧禾，倾心守护着丰收的喜悦。是他们给我们营造着安宁，插秧给我们隽永的收获。放眼望去，稻田里踉踉跄跄的我们踩出深浅不一的脚印，有时还会栽个屁股蹲儿。虽然很脏很累，但我们依旧露出甜蜜的笑容。突然想到一首插秧诗：手把青秧插满田，低头便见水中天，六根清净方为稻，退步原来是向前。

刚来的几天确实是快乐的，我们的多年生稻科技小院驻扎在中国有名的美丽乡村——曼拉村民小组，这里的建筑、人文、服饰，都给人一种向往久居的感觉。但是随着时间的推移，生活渐渐归于平淡，生活的琐事、试验的烦恼接踵而至。好在有老师们的悉心指导，生活、学习、工作，都给我们安排得井井有条。身为95后的我们，说起做饭，大部分人还是有点陌生，为了保障我们的后勤生活，胡老师亲自下厨，手把手地教我们做饭，从菜品的准备到火候的控制，从调料的添加到熟度的掌握，胡老师通过现场教学的方式给我们上了一堂好课。"无论饭菜做得好坏，无论做什么，大家都要跟着一块吃，不要有所抱怨。"胡老师如是说。的确，刚开始学习做饭的我们每天都会给大家准备一个"惊喜"，今天饭没熟，明天盐放多了，这些都是常有的事儿。但我们真的没有过任何抱怨，因为大家都理解第一次做饭难免有些小插曲，渐渐地，我们也能做出一些像样的饭菜，久而久之，我们可以自豪地说大概每个人都可以当厨师了。

谈完生活，接下来就谈谈学习吧。我们需要将学习真正地融入田间地头，进行自己的研究试验。万事开头难，开始只是在文献中了解到试验所需要的步骤，包括取样、分样、处理样品。可真正站在田间地头时却是一脸的茫然，不知该从何下手。"纸上得来终觉浅，绝知此事要躬行"，这句诗中蕴含的哲理真的太应景了。但是不管事情有多难，终归还是要去做，经过老师的耐心指导，我硬着头皮做了下去。终于，功夫不负有心人，试验逐步走上了正轨，我可以井然有序地进行自己的田间试验工作了。

说到田间实践，我觉得这是一件特别有意义的事情。从培育秧苗整理农田到插秧播种等待收获，日复一日，年复一年。传统的农耕文明已延续多年，可在乡村振兴的大环境下，必将面临着各种挑战，年轻人越来越青睐于外出打工，当老一辈的人们慢慢老去，又有谁来守护这片生我养我的土地。乡村要振兴，农业应当先。如果在我们传统的农耕方式上，找到一条因地制宜的可持续发展之路，当下的"三农"便会有新的希望。胡老师带领团队研发的多年生稻品种及其配套技术，极大地节省了人力物力，这未尝不是一条乡村振兴之路。当胡老师说道"乡村振兴，到底是谁去振兴，又去振兴谁"的时候，我陷入了沉思，乡村振兴不只是一句口号，它需要实实在在的行动。作为农学专业的研究生，乡村振兴，我们义不容辞。我在南方的稻田插秧，北方的家乡还有我牵挂的麦田。不管是哪里的乡村，土地就应该耕种为先。搞农业，我必须要学会种田，也必须要去种田。如果连田都种不好，那乡村振兴真就成为一个口号，我们所做的所有研究也都是纸上谈兵。

试验田收获（附彩图）

　　有播种就会有收获，不管身上是干净还是泥泞，只要热爱农业，一切都在意料之中。早稻结束了，回顾这一季的劳作，有一种满满的成就感和幸福感。当我们还沉浸在早稻收获的幸福时，晚稻已经偷偷地探出了头，这一景象似乎在告诉我：农业的路，还有很长……

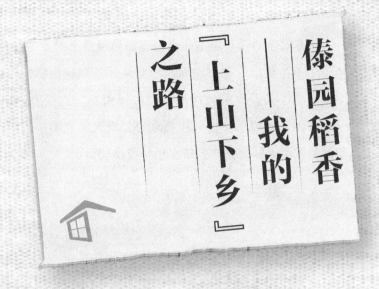

傣园稻香
——我的
『上山下乡』
之路

不知不觉，我已在多年生稻科技小院里度过了大半年的时间。从开始的笨手笨脚到快速成长，从开始的懵懂无知到拥有感性认知，从开始的羞涩不语到自信地与人交流，在这片广袤无边的土地上，看着坚韧朴实的村民，在他们身上我学到了很多，无论是乐观豁达，还是吃苦耐劳，他们都是我人生中重要的导师。

——李昆翰

李昆翰，2020级，硕士研究生，专业：农艺与种业，研究方向：多年生稻技术应用与乡村振兴。

初春时节的西双版纳州勐海县勐遮镇曼恩村曼拉村小组格外清新秀丽，村子里干净整洁的硬化路面、一幢幢颇具独特民族特色的小楼房、道路两旁摇曳的小黄花，清风徐徐，一片祥和安宁的景象。在村子边缘的一角，一座并不起眼的小院里，住着来自云南大学农学院的老师和研究生们，这里就是云南大学设立的多年生稻科技小院。

云南大学曼拉试验站（附彩图）

2021年1月20日，我正式来到了美丽的曼拉村，入驻了多年生稻科技小院。初来乍到，一切是那么的陌生，但更多的是被新鲜感和好奇心所覆盖。我将在这里开始怎样的生活？能学到什么样的知识和技能？我不断地在心里嘀咕。虽然心中略有忐忑，但我还是在阵阵虫鸣声中缓缓睡去。清晨伴随着乡村特有的鸡鸣声，我睁开双眼，整个人都感到神清气爽，曼拉清新宜人的空气中夹杂着各家各户做饭的烟火香气，使得我对其"美丽乡村"的印象更加深刻。收拾妥当后我便跟随老师和师兄师姐进入了我们的试验田中，当我看见满眼的水稻田，被这美丽的水田风光所震撼，一时间竟不知该从何做起。老师似乎看出了我的窘境，随即给我分配好了任务，然后转身进入水田劳作，我跟着师兄从起垄开始，投入到繁忙的早稻种植中。

对于农业耕作，我直至下到水田之前，还都只停留在课堂理论层面，并没有真正建立起对农业的感性认识。正所谓认识指导实践，第一天刚来我就出了个大乌龙。刚下到地里，没走两步，只听啪的一声，我重重地摔倒在了水田里，起来一身泥泞，仿佛刚在泥潭里打过滚一般，整个人都不好了，当时心态属实有点崩溃。我深深地感受到，可能水田工作并不像我之前想象的那么简单，理想是丰满的，而现实是骨感的。没有经验的我手足无措，傻傻地驻足原地，师兄一阵捧腹大笑，接着说："去年刚来我也是这样的，多下几次就好啦！"我暗暗下定了决心，既然选择来到这里，既然选择了这条道路，就一定要克服万难，成为不一样的自己。

水田暮色

从小在城市长大的我，初次踏上曼拉村的硬化道路上时，看到两边富有傣族特色的独栋房屋，道路两旁绿意盎然的绿化带，这座群山之中的傣族村寨令我感到了深深的震撼，这还是我印象中的少数民族偏远村落吗？为了解答这个疑惑，某天傍晚，老师带领我们去村会计家做客，村长为我们讲述了曼拉村的历史："曼拉村小组以前环境卫生非常差，村内道路坑洼不平，农户家私搭乱建，路面狭窄，垃圾靠风刮，污水靠蒸发，人畜共居，公共水沟里都是残渣剩饭、生活污水，村民苦不堪言。"说到这，我更加疑惑，现在我所看到的曼拉村是一个空气清新、整洁明亮、民风淳朴的美丽乡村，很难想象曾经是那样一幅光景。"2006年土地整治，2016年拆除围墙，道路亮化硬化绿化工程陆续完工，党员干部值日打扫卫生……"村长岩温龙如是说道，"为了响应国家乡村振兴战略的号召，我们发动了全村的力量，现在的曼拉村已经被评为美丽乡村示范村。"从他自豪的开怀大笑中，我看到的是曼拉人不断奋斗团结拼搏的精神。我更加意识到："三农"故事的挖掘，别有一番情调，"三农"事业的建设，大有可为！更加坚定了我对农村发展的信心和"三农"事业的使命感。

绿植覆盖率高、环境优美的"美丽乡村"（附彩图）

自从入驻多年生稻科技小院后，我的生活方式也发生了翻天覆地的变化，从前十指不沾阳春水的我，也能在值日当天做出四菜一汤；从前十分懒惰的我，也能按时起床，按部就班地迎接新的一天；从前不善言谈的我，也能在入户调查中与农户侃侃而谈。这些都是一些实实在在的变化。我十分害怕蚊虫叮咬，甚至还有昆虫恐惧症，而作为云南十八怪之一的毒蚊，更是让我苦不堪言，在城市中尚且可以预防，但由于西双版纳的热带环境、生物多样性以及繁忙的工作，导致我还是饱受蚊虫袭扰，一天下来胳膊上、腿上全是蚊虫叮咬的包以及不知名过敏引起的红疹，一个又一个"光荣印记"使得心情难免低落，甚至有过放弃的想法，但我发现自己也在不断适应，变得更加勇敢坚定，克服生活中的小困难，逐渐有了面对困难和解决困难的勇气，这些都是在科技小院的科研实践带给我的力量。每次打电话回家，父母都能在欣慰中鼓励我再接再厉，担负起自己的责任，奉献在"三农"振兴一线。

第一次下厨

不知不觉，我已在多年生稻科技小院里度过了大半年的时间。从开始的笨手笨脚到快速成长，从开始的懵懂无知到拥有感性认知，从开始的羞涩不语到自信地与人交流，在这片广袤无边的土地上，看着坚韧朴实的村民，在他们身上我学到了很多，无论是乐观豁达，还是吃苦耐劳，他们都是我人生中重要的导师。在这片绿水环绕的群山之中，我对乡村振兴事业以及农科学子肩负的重担有了全新的理解与认知。虽然我的力量很渺小，但是我会全力以赴，早日成长为"懂农业、爱农民、爱农村"的复合型人才，为乡村振兴贡献出自己的一份力量。

与村民大叔合影

在农户家调研

这半年是我人生中浓墨重彩的一笔，为我个人的未来发展奠定了重要的基调。我愈加坚信，正是在多年生稻科技小院的这段经历才使我迅速成长。

科技小院挂牌仪式（附彩图）

我们的科技小院如同一条现代知识的纽带，将产学研一体串联起来，将现代农业科技与美丽乡村建设串联起来，将我们所学文化知识与推动乡村振兴战略串联起来，又像一粒火种，在云岭大地上落地生根。我们将挥洒青春汗水，燃起青春之火，在这片土地上书写我们的青春。作为农科学子，我们要扎根农村，驻扎生产第一线，发现问题，解决问题，为农业发展、乡村振兴、农民富裕贡献出自己的一份力量，心系农业，情系农村，爱系农民。

稻花香里
说丰年

在校期间，老师常告诫我们，农学试验要讲"五得"，即干得、说得、走得、吃得、睡得。能在田间地头里干得；能和邻里乡亲间说得；能在水田旱地中走得；能在繁重劳作后吃得；能往茅室棚户里睡得。

——贺汝来

贺汝来，2020级，硕士研究生，专业：农艺与种业，研究方向：多年生稻抗除草剂品种改良。

水稻作为中国最重要的粮食作物之一，哺育了中国一代又一代人，在整个农业文明中更是重中之重。考古发现，约1万年前，长江中下游地区的人们就开始耕种野生稻，开启了水稻的驯化过程，直到大约距今6000至5000年间，稻作农业最终完全取代采集狩猎，成为长江中下游地区经济的主体。从此，中国进入了一个人口、文明飞跃的时代。

"丰年"，永远是朴素的农人们的期望，特别是在"以农为本"的中国，"丰年"更是牵动着每一个人的心。在一代一代农人的努力下，"丰年"的标准也在节节拔高。从《管子·轻重甲》记载的"终岁耕百亩，百亩之收不过二十钟"到中国农业遗产研究室闵宗殿先生发表论文《宋明清时期太湖地区水稻亩产量的探讨》，再到"杂交水稻之父"袁隆平先生及其团队培育的超级杂交稻品种，水稻产量从春秋时代的亩产53公斤，到清朝的亩产278公斤，最后到现在的亩产上千公斤，"丰年"的脚步就从未停止过。

而随着现代化程度的加深，人们对"丰年"的期望到达了一个新的高度。我们的眼光不仅仅停留在眼下的产量上，同时也在意过去的投入和未来的可持续发展。符合现代的"新丰年"既要满足高产的需求，也要注重生产过程中经济成本和劳动成本的投入，更要避免在生产过程中破坏生态环境所带来的损失。基于这种种原因，云南大学胡凤益团队通过对多年生作物遗传结构的深入了解，提出了多年生水稻育种计划，经过团队多年的披荆斩棘，得到了多年生水稻这丰厚的成果。该技术可以实现水稻种植一次，每年两季，连续收获三到五年，除了第一季与常规水稻生产模式相同，从第二季开始，生产过程只需田间管理和收获，省去买种、育秧、犁田耙田、栽秧等烦琐环节，减少水土流失和农药化肥使用，既做到了高产，又节约了成本、降低了劳动强度、保护了生态环境。多年生水稻的出现，更满足于现代农业对"丰年"的新要求。

其实，多年生稻不仅能带来客观意义上的"丰年"，它以"科技小院"为载体，为我带来了人生中的"丰年"。2020年9月，我有幸以研究生的身份加入了云南大学农学院多年生稻课题组。第一个学期在学校围绕着遗传、育种、农艺及现代农业科学技术进行课程学习。一页页课程笔记、一份份课程论文，夯实了我的理论基础，教室里的探讨、图书馆里的思考，更是一点一点地帮助我建立了关于水稻的理论体系。农学，最终还是要回归生产，理论需要落地才能生根。经过一学期的在校学习生活后，2021年新春伊始，我带着无限的憧憬来到了位于云南省勐海县曼拉村的多年生稻科技小院，开启了一段以前从未有过，以后也必将铭记于心的全新旅程。

我是一个在城市里长大的孩子，以前也从未接触过农事，对农活的概念还停留在"谁知盘中餐，粒粒皆辛苦"的阶段，对农活的想象也只是教科书中"面朝黄土背朝天"的插图，对农活的了解也多是来源于父辈们在茶余饭后回忆时的闲谈。在校期间，老师常告诫我们，农学试验要讲"五得"，即干得、说得、走得、吃得、睡得。能在田间地头里干得；能和邻里乡亲间说得；能在水田旱地中走得；能在繁重劳作后吃得；能往茅室棚户里睡得。即使在我背上行囊，踏上来途时偶尔想起"五得"，其实也并没有什么多么深刻的感触。直到真正成为"面朝黄土背朝天"插图中的主角，直到真正领悟了为什么"粒粒皆辛苦"，我才蓦然发现"五得"皆是智慧、汗水和毅力，只有掌握它们，才能真正融入这片大地，去里面汲取知识，去磨炼心性，去成为一名真正的农学研究生。

红日印红了皮肤，农具磨伤了双手，拖着疲惫的身躯，带着满身的泥泞回到了略显拥挤的宿舍，这就是我和科技小院第一天的相处。若说第一天还带着少许热血和坚定，第二天，第三天……渐渐地热血变冷了，坚定也动摇了。想着往后一年甚至两年的田间生活，胆怯和退缩逐渐蔓延心头。如今我们却已牢牢地握住了自己的饭碗，从"四万万人都要有饭吃"到"近14亿人吃不完"。每每想起这些就默默地告诉自己，再坚持一天，实在不行再放弃。一天一天地过去，身体从痛苦中渐渐适应，思想从悲观中渐渐平静。就这样，我的身心就在科技小院的生活中安定了下来。

"耕读"说的是古代一些知识分子所推崇的半耕半读生活方式，如今在曼拉这个科技小院里也得到了充分体现。书本里我们能学到知识，但它终究是长不出水稻，最终还是要回归田地。初入田间的我可谓是焦头烂额：秧苗也太嫩了，一拔就断了该怎么办？也没有这么长的尺子啊，我要怎么划好一个小区？这秧线该怎么绕到一个架子上？我田埂为什么挖不成形？……一个个问题开始显现，我才发现课本里只说明了要做什么，却没有告诉我们要怎样做。连水稻都种不好，又何谈去研究水稻。我羞愧难当，幸得在伯头、咪头（傣族对爷爷、奶奶的称呼）善意的提点中逐渐熟悉了田间技巧，并利用课本知识和他们交流栽培的各个问题。我告诉他们什么情况下施什么肥，他们教我们怎样把肥料均匀地撒出去；我告诉他们栽秧的合适秧距，他们教我们栽秧的手法。在这友好互助的交流中，我得到了十足的长进，将田里的知识带出田外，将田外的知识带进田里。

"逛田"是每天必不可少的功课。一大早下基地，老师就会带着我们将近50亩地都走上一遍，寻找田里的问题，探讨改进的方案，传授种田和水稻的知识。"我们做试验是服务于生产，但也是区别于生产的，生产中多株秧苗一个坑是为了提高产量，我们栽秧都是一株秧苗一个坑是为了后期的性状调查和更好地选种。"在"逛田"中，老师根据实际情况深入浅出地讲解，更能加深同学的认识，巩固知识体系。当然"逛田"最重要的作用还是完善试验方法，再完美的计划也害怕变化，何况我的知识储备也支撑不了我做出一个完美的实验方法，而大田环境更是千变万化。每天都会逛到我的田，每次田边的讨论总能激发一些新的想法，发现一些新的问题。晚上带着这些想法和问题回到自习室参考文献，和同学交流，跟老师请教，最终完善自己的试验。

科技小院带给我的不仅是专业知识的增长，还有生活能力的提高。以往在家里总有父母端上饭菜，在学校总有食堂提供饭菜，甚至偶尔还会点外卖来满足自己挑剔的伙食要求。科技小院没有父母，没有食堂，更没有便利的外卖服务，我不得不端起锅，握着铲来解决自己温饱问题。那时候我才知道原来食物的来之不易不仅限于它的生产，也在于它的加工。从最开始在母亲远程指导下艰难完成的番茄鸡蛋汤，到后来对着百度查找到的简单食谱仔细钻研，我终于学会了空缺了二十多年的基本生活技能——做菜。当然，生活能力的提升不仅在烹饪技能上，更重要的是行动能力的加强。在面对各类家具损坏时，我也不会再手足无措，只能等待专业人员上门维修或者无奈丢弃，最少有拿起工具试一试的勇气。映射到人生道路上的艰难险阻，我相信我也会更加坚定、自信的去正视它、解决它。

"宝剑锋从磨砺出，梅花香自苦寒来"，稻香不能承受苦寒的摧残，但经过我们这些新农人的精心照料，它比梅花更多出一种喜悦的芬芳。转眼，一个水稻的完整生育周期已经结束，我在春天来到了这里，它在春天来到了土里。我把它歪歪斜斜地栽下，看着它从稀疏茁壮长成一片绿色的海洋，再到垂下金色的穗子。当夕阳将一片片金黄送入我眼帘时，我心里充满了感动："又是一个丰年啊！"

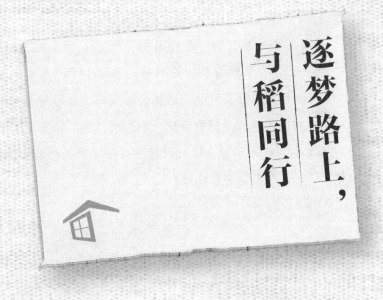

逐梦路上，与稻同行

　　除了见长的厨艺、见长的体重、见黑的肤色，还有见长的自信、见长的成熟稳重、见长的新技能。我们凡事亲力亲为，从犁田耙地，到播种插秧；从控水施肥，到病虫害防治；从田间调查，到取样分析；从表型鉴定，到基因研究等等，所有的环节都因亲历过而变得具体，不再是书本上抽象的理论和概念，我们用亲身经历验证了"实践是检验真理的唯一标准"。

——普新援

　　普新援，2020级，硕士研究生，专业：作物学，研究方向：长雄野生稻地下茎遗传机制研究。

"梦想还是要有的，万一实现了呢？"，已不记得从什么时候开始，这句话在无形中激励着我一路前行。从2014年7月本科毕业参加工作，到2019年7月离职准备考研（选择报考院校、报考专业），再到2020年6月选择研究方向、选择导师等等这一系列的抉择，让我来到了云南大学农学院，与多年生稻结下不解之缘，有机会与多年生稻科技小院共同成长！而这一切机缘，我想是梦想在作祟！

缘起

不曾记得在何时何地听到并记住了"杂交水稻之父"袁爷爷的事迹，那个时候的我也许只有崇敬吧，不敢想有一天自己也能像他老人家一样从事如此有意义的事业。决定考研选择学校和专业的过程中，我看到了云南大学农学院胡凤益研究员团队在从事多年生稻的研究，想利用多年生稻技术改良、培育多年生红米并在梯田种植的愿望油然而生。于是报考了现在的学校和专业，并选择了胡老师为导师，与多年生稻的缘分从此开始。

2020年9月3日，我的研究生生活开启，那时的我充满欣喜、满怀期待，丝毫不知道科研道路的艰难困苦。直到后来，我因为远离校园、远离专业知识太久，上课跟不上、听不懂，课后事情多、杂、乱，一度产生自我怀疑、自我否定，甚至有了打退堂鼓的念头。好在那时的我有家人、朋友、老师和同窗们的支持和鼓励，有最初的理想信念支撑，跌跌撞撞结束了研一上学期的上课生活。那个寒假，我亲手播种了一粒粒水稻种子，并小心照料着，见证了种子萌发从到长成植株的全过程。这期间波折不断、困难重重，比如：因为没有经验，浸种前种子未进行烘干处理、未打破休眠，导致发芽率不高；水培盒水位过高，使种子无法进行有氧呼吸而死亡等等，这一件件或大或小的事情都决定着实验成败。这次种水稻的经历让我真正体会到"科研不能儿戏，科研更不能随意"，实验的每一个环节都应该周密计划、精确实施，这样，当出现问题时才有据可查。看着精心呵护的水稻苗壮成长，内心有一种强烈的喜悦和成就感，这是水稻与我的第一次共同成长。

缘聚

2021年2月20日，这是我从家奔赴勐海县曼拉村云南大学田间试验站的日子，也是与多年生稻科技小院相逢的日子，更是让我难忘的日子。为什么难忘呢？因为往后的几天我们将经历身体的劳累和心灵的疲惫，那种累已经到了不想动任何一个细胞的程度。每天的作息是起床—下地—吃饭—睡觉—下地—吃饭—自习—睡觉，像极了车间里的生产工人，我们戏称自己为"工具人"，一行十一人每天疲惫不堪、满脸愁容，没有了年轻人该有的朝气与活力。现在回想起来，我想用"天将降大任于是人也，必先苦其心志，劳其筋骨"来解释我们那几天的"遭遇"。

有同班不同课题组的同学问我："作为一名学术型研究生，你们不是应该在实验室做实验吗？为什么要天天在基地干活？这样的体力劳动对研究有什么意义？……。"那时的我支支吾吾回答不上来，也同样反问自己，但是最终得不到答案，因为当时的我确实想不出这无尽的劳累到底图的是什么。如果现在再有人问我这些问题，我会坚定地告诉他："实践是检验真理的唯一标准。"

每一段经历，都会在你的身上留下痕迹，我暂且称之为"成长"。在多年生稻科技小院和云南大学景洪田间试验站近半年的日子里，我看到包括我自己在内每一位成员的成长。除了见长的厨艺、见长的体重、见黑的肤色，还有见长的自信、见长的成熟稳重、见长的新技能。我们凡事亲力亲为，从犁田耙地，到播种插秧；从控水施肥，到病虫害防治；从田间调查，到取样分析；从表型鉴定，到基因研究等等，所有的环节都因亲历过而变得具体，不再是书本上抽象的理论和概念，我们用亲身经历验证了"实践是检验真理的唯一标准"。

2021年7月10日，二月种下的稻子到了收获的季节，金黄色的稻田在阳光下熠熠生辉，微风吹过可以闻到淡淡的稻香，走在田埂上、稻田里，托起沉甸甸穗子，剪下主穗放入袋子里，这是我们新品种的希望。胡凤益老师和张石来老师带着我们在各个育种小区间游走，时而摘下几粒谷子剥去颖壳品尝味道，时而仔细观察米粒是否有乳白、垩白等，生怕选了劣质种，生怕错过优质种。看着这一幕幕，内心有了收获的喜悦，所有的苦和累都有了意义。袁爷爷说他有"禾下乘凉梦"，而我们，有"优质多年生稻梦"。

缘续

水稻是我国的三大粮食作物之一，如果能培育出优质、高产的多年生稻品种，并且能解决多年生稻栽培过程中稻桩越冬难、杂草难控制、土壤结块硬化等问题，我想多年生稻将会成为国家粮食安全的新防线。我们的多年生稻科技小院基于培育优质新品种、解决栽培难题的目标开展试验，而我的课题也是为这个目标而服务。

记得研一上学期的一次组会上，老师问过我想研究什么方向，印象中当时我的回答让老师和同学，甚至我自己都觉得太空泛，不具体。

我："我想挖掘地下茎基因，培育多年生红米，并且在梯田上推广种植，探索多年生稻梯田种植模式，保护'世界非物质文化遗产'元阳梯田。"

老师："你说的这些，足够一个人用一辈子来做了。"

当时的我确实是这么想的，也就这么说了，虽然自知不够聪明，也没有废寝忘食刻苦钻研的精神与毅力，但我还是有一个为水稻科研事业奉献一生的愿望：像老一辈农学人一样将论文写在大地上，让我们的饭碗稳稳端在自己的手里，让老百姓真正享受到科技发展带来的红利。

与多年生稻科技小院，缘起于对多年生稻的好奇和想改良家乡梯田种植红米的愿望，将缘续于科技小院成员之间的情谊和对多年生稻研究的兴趣和热爱。

结语

我愿闻这稻花香，听这蛙鸣声；我愿顶烈日骄阳，下田锄禾。只为锅中有白米，农家谷满仓。

黑发勤学，白首无悔。勤学路上，恰有多年生稻为伴，恰与勐海曼拉多年生稻科技小院共同成长，这是离梦最近的地方。

我与我的科技小院

胡凤益老师曾说道："我们团队在未来会将脚下的土地当作自己的家，用科学点亮万家灯火。"在新时代乡村振兴背景下，多年生稻科技小院承载着文化情怀与科学精神，力图把曼拉村乡村振兴战略的"稻路"铺得平坦、扎实。

——李禹甫

李禹甫，2020级，硕士研究生，专业：农艺与种业，研究方向：碳氮运筹对长雄野生稻地下茎发生的调控效应。

我是2020级农艺与种业专业的一名学子，很荣幸成为了云南大学多年生稻科技小院的一员。在积极响应国家乡村振兴战略实施及脱贫攻坚政策下，云南大学农学院坚持"以科助农，以学育人"为核心，在胡凤益院长的带领下在曼拉村建立了多年生稻科技小院。于是乎，我在不知不觉中也肩负起了乡村振兴的使命，在这之前只在课堂和新闻中了解过乡村振兴的一些报道，但是借助科技小院的平台我得以于基层中进行更加深入的了解，并通过自己的实践活动让这一切不再只是停留在"耳熟能详"的阶段。

曼拉村民小组坐落于西双版纳傣族自治州勐海县，这是一个极具傣族传统文化的村落，同时也是省级美丽乡村。不过村民们多数依旧保持着传统农业的耕作方式，收入来源主要以地租和务农为主，普遍受教育程度仅为小学，仅有两人读过中专。文化程度低很大程度上制约了村子的发展进步。随着我们对村民们进行深入的访谈，发现他们都有一致的想法：以后一定要让自己的子女们上大学，接受高等教育，不希望子女们还和他们一样。村里目前大多数中青年劳动力都选择外出打工、经商，老弱妇幼是目前村子的主力军。我们通过科技小院平台的力量给予他们技术和教育上的帮助，同时进行傣族文化的宣传，让更多的人了解这里，希望可以吸引更多的有志青年带着知识和情怀来到这里振兴乡村！

我们的技术为多年生稻栽培技术，我们科技小院的同学们在这里开展毕业试验的同时也将一些先进的农业管理措施、现代化的栽培技术和理念普及给当地村民们。同时，通过我们的技术措施普及可以帮助当地村寨经济有所发展，带来更具现代化的开拓思维，为农业产业发展贡献我们的力量。

多年生稻技术，是种植一次可连续收获2年以上的水稻生产技术，包括多年生稻品种及耕作栽培技术。从第二年（或第二季）开始，水稻生产不需要买种子、育秧、犁田耙田、栽秧等环节，只需要田间管理和收获两个生产环节，是一项轻简化的水稻生产技术。

"要致富，先修路"。胡凤益老师曾说道："我们团队在未来会将脚下的土地当作自己的家，用科学点亮万家灯火。"在新时代乡村振兴背景下，多年生稻科技小院承载着文化情怀与科学精神，力图把曼拉村乡村振兴战略的"稻路"铺得平坦、扎实。

我们在日常生活中会和村民们一起劳作，一起交流，听他们说傣族的文化习俗和历史故事。村民们还会在实践工作中教给我们一些传统的种植技巧，通过不断的相互交流和学习，我们对曼拉村有了更加清晰的认识，他们也从我们这里汲取了新的思想理念并掌握了最新的农业栽培技术。

除了和我一样在这里开展毕业试验常驻的同学外，每年暑期都会有想要致力于乡村振兴的学生们来到小院。黄光福老师负责科技小院的日常管理，同时致力于多年生稻栽培和技术推广，他经常带领学生们入基层、寻"稻"路。当地村民最开始一致认为水稻种植经济效益低，不能满足日常所需，有的甚至荒废自家土地外出打工。为了改变这种现状，黄光福老师带领科技小院学生经过不懈努力，让村民从经济效益和生态效益等诸多优势方面重新认识了多年生稻的科学性和实用性。从理论到实践，再从实践反哺理论，环环相扣，为将曼拉村建设成为"乡村振兴试点村"做出了巨大贡献。

每位同学的研究方向都有自己的独特性，我的研究方向为多年生稻碳氮代谢。通过研究这一领域我们明白了施肥时期相对于产量是一个不可忽略的因素，相较于传统的施肥模式具有更高效、更简便和更高的经济效益。经过科技小院平台的指导，村民们掌握了许多通过科学成果转化的生产应用技术，可以最大程度地从传统的耕作模式中解放出来，这也使他们拥有了更多的时间去做其他事情，增加了村民经济收入的同时极大提升了幸福感。

无人机遥感技术也随着科技小院一起来到了曼拉村，现代化农业科学技术手段的普及推进了曼拉村乡村振兴的进程。无人机飞防团队让一种全新的农业作业方式成为此"净土"的"常态"。当田勇老师的无人机团队开始工作，每位村民都表现出浓厚的兴趣，那是对新事物的新奇与渴望。从离心喷头中随风下落的不仅是作物保护剂，更是科学技术的"力量"与乡村振兴的"火苗"。科技小院成立以来不仅仅是带来了新的栽培技术和现代化农业设备，更是让智慧农业融入村民的生活日常，让村民们真切体会文化教育的力量，埋下"三农"现代化的种子。

在空余时间我们深入曼拉村去走访乡亲，深入了解了傣文化的稻作文化、饮食文化等诸多生活方面的文化发展态势及溯源，并从中获得了乡亲们关于多年生稻科技小院的反馈，乡亲们给出的回馈各有千秋，总结而言就是："感谢你们所做的一切，现在我们有更多的时间去做其他事情，有了其他的收入来源，不用再像以前那样受到土地的约束了。"

因为曼拉村是一个傣族文化浓厚的村寨，所以这里保留了很多传统的傣家象征。任何国家、民族的传统文化中都有其必然存在与优秀的部分，但也有其非必要存在与可革新部分，传统文化与现代科学社会的碰撞为大势所趋。多年生稻科技小院团队在胡凤益老师的带领下到村长与会计家里进行了走访，从中了解了这个村落数十年前的境况以及未来的"五年计划"。村长说："希望多年生稻科技小院能够将更多的农业科技带进来，让未来的孩子们尽可能地走出去。"这就是村长"引进来，走出去"的美好愿景。多年生稻科技小院为实现这一美好愿景，将继续助力乡村振兴，将"育人"放在重中之重。为此，科技小院成员经常为村里的小朋友们进行知识普及身心健康教育，为村里培养健壮的"秧苗"。

曼拉村虽然是地处偏远的一个小聚众傣文化村寨，但是这里的乡亲们却很重视党和国家的政策号召。科技小院成员们多次列席这里的党员生活会，切身感受这里的党建文化，其中不乏有关乡村振兴及抗疫精神的深入探讨和积极探索。

在未来的日子里我们还要继续砥砺前行，不畏风雨地完成我们的使命，让我们的人生留下浓墨重彩的一笔，也让我们青春的汗水在这里尽情挥洒。

彩虹总在
风雨后

"我希望水稻就像我的胡子一样，割了又长出来，第二年就节省了买种、育苗、插秧，这样就轻简了农业生产，减轻了农民的负担，增加了农民的收入，使农民愿意种粮，爱种粮。"这是云南大学农学院胡凤益研究员经常说的一句话。

——暴亚冲

暴亚冲，2021级，博士研究生，专业：保护生物学，研究方向：长雄野生稻地下茎的遗传。

春得一犁雨，秋收万担粮。粮食是国之大计，关乎民生。但随着产业化的改变，劳动力人口的外流，耕地面积的减少，粮食的地位被人们所忽视，但总有那么一群逆行者，他们不畏困难，扎根于祖国的西南边陲，深入田间地头，培养绿色轻简的粮食植物——多年生稻，走访农户，询问家中粮食生产的现状。云南大学农学院科技小院，抛弃了书本上的空想主义，坚持身体力行的实干精神，在西双版纳傣族自治州的曼拉村设院，从育苗、插秧到收获，切实让农学学子感受耕作的艰辛，从身披扎手的稻壳到碗中香甜软糯的白米，让农学学子了解粮食的来之不易。

阴雨绵绵

"我希望水稻就像我的胡子一样，割了又长出来，第二年就节省了买种、育苗、插秧，这样就轻简了农业生产，减轻了农民的负担，增加了农民的收入，使农民愿意种粮，爱种粮。"这是云南大学农学院胡凤益研究员经常说的一句话。多年生稻的培育是他毕生的追求，从胡凤益研究员的硕士学生时代至今，他一直致力于多年生稻的品种培育、地下茎多年生性功能基因的定位与克隆。

稻属共有24种，22个野生种和2个栽培种。在22个野生种中长雄野生稻、药用野生稻、宿根野生稻和澳洲野生稻，在自然情况下都以地下茎的方式进行无性繁殖。但是长雄野生稻与栽培稻有相同的AA基因组，与栽培稻的血缘关系最近，成为了转移多年生性，培育多年生稻的理想供体。但长雄野生稻自交不亲和，并且与普通栽培杂交后，其幼胚致死。方法总是比困难多，最终通过胚挽救法，以泰国优质籼稻RD23为母本，与长雄野生稻杂交获得F1，杂种花粉育性32.5%，地下茎发达，柱头外露，为长雄野生稻有利基因的发掘利用奠定了基础。

把栽培稻和长雄野生稻杂交，对后代进行以地下茎为主的多年生性状选择，培育出具有多年生性的中间品系，成为多年生性供体。之后，把这些供体与云南主栽品种杂交，利用分子标记辅助选择育种技术，把长雄野生稻无性繁殖特性的遗传位点转移到水稻主栽品种中，选育多年生水稻品种。

虹光乍现

通过20多年尝试与探索研究，云南大学农学院胡凤益团队建立了多年生稻技术理论体系，解开了长雄野生稻以地下茎为主的多年生性遗传规律，获得了携带来自长雄野生稻多年生性基因中间育种材料，借助分子标记辅助选择技术；通过与一年生水稻杂交、回交选育多年生水稻，成功培育了多年生稻新品系PR23、PR25、PR101、PR107等9个多年生稻品种（系），并开展了包括多年生稻适应性试验及配套栽培技术等一系列研究。从2015年起，研究人员在文山、玉溪、思茅、孟连、昆明、景洪、勐海等地进行试验种植。有些品种多年生性强，具有很好的越冬能力，产量表现稳定。1997年，用RD23/长雄野生稻，获得F1植株。1998～2012年从F1～F12多次自交筛选，利用分子标记辅助（MAS）选择技术培育，2012年形成稳定品系，定名PR23。2018年通过云南省农作物品种审定委员会审定，品种名称多年生稻23，审定编号滇审稻2018033号。2020年云南省农作物品种审定委员会审定多年生稻品种云大25、云大107，审定编号分别为滇审稻2020041号和滇审稻2020042号。

为了理论与现实相联系，研究多年生稻的农艺性状，培育更全面的新时代农科学子，云南大学农学院科技小院正式在曼拉村建院。一间小院，几间农房，背靠郁郁葱葱的水稻良田，鼻嗅淡雅悠长的水稻芳香，耳闻呱呱作响的蛙鸣，依托高校的科技和人才，孕育新型农村发展的未来。

2019年7月有幸到达曼拉科技小院，参与早稻的收割与晚稻的育苗移栽。笔直的水泥路延伸入曼拉村精美的吊脚楼中，路两边一望无际的水稻田给人于轻松自然的美感，习习的微风轻抚着我的脸颊、拨乱我的头发，怀着激动的心情我进入了科技小院，眼前的同学脱下了校园中光鲜亮丽的衣着，换上了朴实无华的便装，头戴草帽，脚穿拖鞋，俨然一副当地人的样子。我放下背包也加入了他们。

在曼拉科技小院的日子里，我参与了多年生稻的收割，多年生稻的测产，多年生稻的育苗移栽，见证了多年生稻田从收获后的空空如也到新苗频发很快长满农田的奇妙过程，了解曼拉从默默无闻的傣族小寨到最美乡村的蜕变，体会到了粮食生产的艰辛。通过在曼拉科技小院的学习，我将书本上的知识与实际相结合，巩固了知识也丰富了学识，明白了只有亲身经历，才知道农学学子应该去做什么，应该去研究什么。

田里的金色晚霞

时光荏苒，岁月如梭。转眼间我已经在科技小院度过了一年半的时光，在科技小院我学到了学校学不到的知识，体会到了什么是"晨兴理荒秽，带月荷锄归"。科技小院的一群老师指导我，纠正我，让我懂得了什么是真正对社会有用的人。

——王河原

王河原，2020级，硕士研究生，专业：作物学，研究方向：多年生稻耐冷性基因定位及遗传改良。

2020年5月，我来到了春城——昆明，成为了一名研究生，开启了另一段科研生活。站在我梦想的农学院门口，进入我向往的多年生稻课题组，这里的一切对我来说都是新鲜的。在春城昆明，我学到了科研知识，也学会了如何做人做事。半年后，我踏上了前往西双版纳的路途。在这里，我驻扎在了课题组的基地——多年生稻科技小院。

何为多年生稻科技小院？在来到科技小院之前，我从网络上、与同学们的交流中、老师的讲解中认识了多年生稻科技小院，也懂得了它存在的重大意义。多年生稻科技小院是一个深入基层，跟农户面对面交流的载体。在科技小院中，学生们把自己对多年生稻的认识讲给农户听，向他们讲述最新的科研进展和多年生稻所具有的优势，以及自己所学的专业知识，也可以向水稻农户请教种植经验，不断完善自身专业技能，更进一步扩宽自己的知识面。将理论与实践结合，不仅为多年生稻的发展注入新的活力，更为培养新农人打下坚实基础。

科技小院的育秧田（附彩图）

第一次踏进科技小院水稻试验田，我也第一次近距离见到了多年生稻，一种跟韭菜有着同样特点的水稻，种植一次可以收获多次。也见到了多年生稻的原始父本——长雄野生稻，粗壮的茎秆，发达的地下茎，无不在展示它蕴含的能量。长雄野生稻的地下茎形态各异，我在心里不禁感叹大自然的神奇，居然能创造出这么让人为之称奇的水稻。而科技小院的负责人胡凤益老师就是把这个存在于幻想中的稻作新类型变成现实的人，他主导培育了一系列多年生稻，为我国的稻作事业发展提了一把速。

严格的规划，精准的实行，是科研人员应该时时刻刻遵守的准则。初次栽秧劳作，让我学习到了老师们是如何把控方方面面的。栽秧前的准备与规划，精准到每一个小时该做什么，每块秧田要如何处理要如何种植，都有理有据。作为一个没有见过水田的北方人，深陷的水田，让我如同一只笨拙的鸭子，走路都走不稳。我的导师张石来老师，在田里不断鼓励我不要怕摔跤，让我跟着他的脚印一步步地走。恍惚间，那一个个脚印好像有了温度，传到了我忐忑不安的心里。慢慢地，我可以在稻田里如履平地，老师也开始言传身教地教我们如何合理地规划田块，如何观察水稻的生长发育，如何在田间地头寻找课题。身上沾满了泥泞，汗水也浸湿了衣衫，夕阳和疲惫总是一起到来，辛苦的劳作，把一天的时间塞得满满的，充实而又收获满满。在田埂上休息的时候，我见到了这么多年来最美丽的金色晚霞。

科技小院队员参与田间调查与收种

　　在这里我们不仅要劳作，也要做科研，更要好好生活。柴米油盐酱醋茶，也出现在了我每日的生活中。我们学着自己做饭，自己修理电器水管，自己手工制作农具。慢慢地大家练就了能做出一手好菜、能修理日常器材、上得了科研厅堂下得了厨房的本领。在这里我不仅学到了水稻的知识，也锻炼了我个人的生活技能。知识的浓香和食材的美味，在这里缓缓相融，流进了我的身体里，消除了劳作的疲惫。慢慢地我们种植的水稻也成熟了，就好像一觉醒来，世界发生了翻天覆地的变化一样，抬眼望去一道道金色的晚霞出现在了田间地头，仔细去看每一穗水稻都散发着金色的光芒，我又一次见到了那让我称之为最美丽的金色晚霞，只是它这次出现在了田间我洒过汗水的地方。

　　时光荏苒，岁月如梭。转眼间我已经在科技小院度过了一年半的时光，在科技小院我学到了学校学不到的知识，体会到了什么是"晨兴理荒秽，带月荷锄归"，脚踏实地，诚实做人。科技小院的一群老师指导我，纠正我，让我懂得了什么是真正对社会有用的人。也让我明白了高校师生和当地农户汇聚在一起会产生多么庞大的力量。接下来的日子里，我会继续以多年生稻科技小院的要求严格要求自己——以扎根土地为使命，以多年生稻课题组老师为榜样，让自己做一个新时代优秀的"新农人"。

与多年生
稻的『缘』

穿上规矩的鞋子走上来时的路，出租车上的风格外凉爽，又要回到四季如春的昆明去，在那里还有一顿火锅的约定。火车驶向昆明，座位是倒着的，正好可以感受我们与西双版纳的山水渐行渐远。

——陈超伟

陈超伟，2020级，硕士研究生，专业：农艺与种业专业，研究方向：多年生稻直链淀粉含量改良。

时光荏苒，已经是我加入云南大学农学院多年生稻课题组的第二个年头，回忆起两年前初次来到昆明的场景，一切好像都发生在昨天。也许是命中注定，让我与多年生稻结下缘分。

西双版纳的每一天都是夏天，因为要给水稻做杂交，我们坐上了开往西双版纳的列车。第一次来西双版纳是2021年2月，是来栽秧的。我第一次来云南大学景洪田间试验站，初春的安徽还要穿着棉袄，而西双版纳就已经热得可以穿短裤短袖了。初来乍到，西双版纳的一切都是如此地吸引人，无论是村里带有傣族特色的楼房还是路边大片大片的香蕉林，都显得那样美好。第二次来西双版纳是2022年5月，来做杂交，我将要在这里度过西双版纳最热的时节。一下列车就有熟悉又陌生的热浪扑面而来，路人都穿得很凉爽。这导致后面在版纳生活的时间里我每天都是穿拖鞋，还开玩笑说等把这双拖鞋穿坏了再回昆明。路旁有小孩子拿着水枪玩耍，两个小女孩端着盆子朝路人泼水，水滴洒到了我的脚上，有幸接收到了"祝福"，也算是减轻了我对没参加泼水节的遗憾。

步行去基地的路上，根据果实认识了很多很多果树。路旁有矮的椰子树，我们经过环卫叔叔同意打了几个椰子下来，很新鲜！基地有一只热爱面包酸奶的猫，小可怜没有尾巴，听说是流浪猫，跑过来的时候很瘦，现在长胖一点点了。它是我们基地的团宠，它很怕热，中午最热的时候趴在空调房外面，偷偷吹门缝里透出来的冷气。西双版纳的每一天都是夏天，高温的晴天对于水稻做杂交来说是很好的，我很害怕连绵不断的雨。

烧烤店的老板总是会送我们现切黄瓜和凉粉，糯糯的凉粉解腻又好吃！后面有会做饭的小伙伴来了，我们也在基地自己做饭吃。他们都好厉害，每个人的厨艺都很棒，我只能主动承担起洗碗的重任了。我们也做过冰粉，用紫薯和南瓜加木薯淀粉做成芋圆，虽然过程坎坷，但结果很成功，那天中午的厨房充满了欢笑声，我们也如愿吃到了凉爽的木瓜冰粉解暑。

属于科技小院的丰盛午餐

晴天的告庄西双景就是星光夜市，每一个摊位都仿佛一颗星星，在热闹的告庄闪闪发光。雨天的告庄有着很冷清的感觉，虽然很多摊位都没开，卖的东西也很少，但是却有另一种清冷的美。晴天的告庄很热闹，每个摊位都有吸引游客的法宝。多逛逛会发现很多摊位卖的都是差不多的东西，有卖傣服的、卖首饰的、卖摆件的、卖手工艺品的、卖冰咖啡的、卖水果和零食的。

后来，要做的杂交多了。我们每天上午7～11点做杂交，下午1～2点授粉，睡午觉，下午4点～晚上8点继续做杂交。杂交的要领主要就是剪开穗子，用真空泵吸掉6枚花药，然后记录好，并与父本一起套上杂交袋，最后就是静待当天或是第二天的中午授粉。一边做杂交一边听玉姐用普通话聊家常或者用傣语和村里的人聊天也是很有趣的事。就这样，我们每天都在重复相同又不同的事，过着单调又平凡的生活。

杂交忙完了，也没抹掉晒黑了和长胖了的痕迹。穿上规矩的鞋子走上来时的路，出租车上的风格外凉爽，又要回到四季如春的昆明去，在那里还有一顿火锅的约定。火车驶向昆明，座位是倒着的，正好可以感受我们与西双版纳的山水渐行渐远。

科技小院队员起早贪黑，杂交配制

科技小院的田间试验（附彩图）

　　加入多年生稻课题组的两年里，我的生活变得很忙碌但也很充实，身边也有很多老师和同学们对我伸出援手，在未来的日子里，我也会砥砺前行，希望为多年生稻推广及乡村振兴付出自己的一份力量。

在生命正芬
芳的日子里，
有稻作伴

说科技小院大，那是因为在这里实现了科技服务的"三农"零距离，承载乡村振兴新使命；在这里走出一条在最基层培养农业科技人才的新路子，从科技小院走出来的农科学子，将真正成长为知农爱农、强农兴农的"三农"人才。

——韩雨航

韩雨航，2020级，硕士研究生，专业：农艺与种业，研究方向：多年生稻白叶枯病遗传改良技术。

说科技小院小，那是因为它独辟乡野，或杂陈村落，有时是几间民居，有时是一处傣族吊脚楼，它仿佛就是一个村落的一部分。如果你不是它的左邻右舍，就不可能轻易找到它。说科技小院大，那是因为在这里实现了科技服务的"三农"零距离，承载乡村振兴新使命；在这里走出一条在最基层培养农业科技人才的新路子，从科技小院走出来的农科学子，将真正成长为知农爱农、强农兴农的"三农"人才。

也许是天意让我和水稻结下缘分，这缘分妙不可言。2020年9月我进入云南大学农学院多年生稻作组并成为其中一员，内心很是激动想着研究生这三年我一定要有所作为。

2021年2月22日，我从家出发去云南大学景洪试验站。一路上我思绪万千，既期待又紧张！期待是因为我将真正体验水稻种植的实际过程，紧张是因为我之前没下过水田，我不知道我能不能适应。但这是我自己选择的路不管怎样我都要坚持走下去，带着这样的心情我和同组小伙伴来到了景洪试验站，一下飞机，一股热浪扑脸而来，道路两边是椰子树，这就是

科技小院队员亲手移栽完的秧苗

——拍摄于2021年2月23日，景洪田间试验站

热带地区的独特之处。到试验站后，我们认识了基地管理员玉姐和哪罕，两个淳朴勤劳可爱的傣族妇女。

记得当时认识水稻的一生是从拔秧开始，我们从秧田里将秧苗拔出，说起来简单，但实际操作起来需要注意许多细节：秧苗和编号需要对好、秧苗根不能拔断、绑秧绳的位置和手法等等，秧苗的好坏直接决定了水稻后期营养生长和生殖生长。细节决定成败，水稻种植也一样。

我研究的课题是关于多年生稻白叶枯病抗性改良，该病常发生在热带或温带地区，最初认为是一种由酸性土壤环境引起的非侵染性病害。在20世纪初，从患病叶片上分离、纯化出大量细菌，经后面研究发现，水稻白叶枯病是由黄单胞杆菌水稻致病变种引起的细菌性病害，是影响水稻生产的"三大病害之一"，该病害主要危害多年生稻水稻叶片，导致植株不能正常进行光合作用，从而影响其后续产量，因此提高多年生稻对水稻白叶枯病抗性对多年生稻区域推广有十分重要的意义！我通过在试验站进行实地调查，发现在高温高湿的天气条件下，水稻白叶枯病发病严重，尤其在夏季，一场大雨过去，可以观察到水稻叶片背面叶缘处会出现黄褐色菌脓。因为试验需要，我将多个白叶枯病菌株接种到不同水稻材料上，21天后观察不同水稻材料的发病情况。在接菌工作中，同样也存在需要思考的问题：为什么要在水稻孕穗期接菌、为什么要选择在早上稻田露水落或傍晚接菌、为什么要在21天调查发病情况等，这些需要我自己亲自去操作才能明白其中原因。在试验站的田间实际观察和操作，让我直接了解到水稻白叶枯病的病状和病症并对自己研究的课题有了更加清晰的认识，真正明白"纸上得来终觉浅，绝知此事须躬行"。

在科技小院的日子是累并快乐的。在夏季我们需要在2天内完成接菌工作，保证细菌的致病力。每一季最忙的莫过于杂交，进行杂交工作第一步就是去雄，书本上简单描述的工作，在实际操作中却需要花费很长时间去完成。首先我们需要选择合适的单穗，将小穗剪开再用专门机器将花药吸出，吸花药这一步就有许多学问：首先要吸干净，保证结实是真杂交种；其次力度要适合，不能伤到母本柱头；最后是父本的选择，要尽量选择和母本高度一致的父本，保证授粉。在正午12点稻花开了，我们要去"人工授粉"，弹动杂交袋使父本花粉尽可能多地落在母本柱头上。这个工作是辛苦的，但待收种时发现杂交种结实不错，收获多于50粒就会觉得一切都值得了。西双版纳的阳光是毒辣辣的，但版纳的晚风、夕阳和星空却让人感到惬意。傍晚我会和小伙伴一起散步，吹着凉爽的晚风，看着令人心动的夕阳，那一刻我们是开心的，我们享受那一刻带来的轻松，心里也会想家乡的夕阳是否也这样美丽。

科技小院队员冒雨播种

——2021年7月23日进行晚稻播种工作时拍摄

科技小院不仅给农民带来了实际生产效益，也是一种学习与实践高度融合的新型农科人才培养模式。在科技小院的经历，让我从习惯于被动接

科技小院的日常风景

——拍摄于 2022 年 7 月 19 日傍晚

受知识，变成了善于调查和发现问题，积极主动解决问题，也让我看到了农业生产一线的真实情况，让我对祖国"三农"事业的发展有了更深的认识，亲身感受"三农"事业发展的勃勃生机。感谢多年生稻科技小院，让我有了真正的成长；感谢多年生稻课题组的各位老师，他们给我树立了榜样；感谢多年生稻科技小院的各位小伙伴，奋斗的路上有你们陪伴帮助真好！在生命正芬芳的日子里，我与水稻做伴，它陪伴着我，也激励着我。

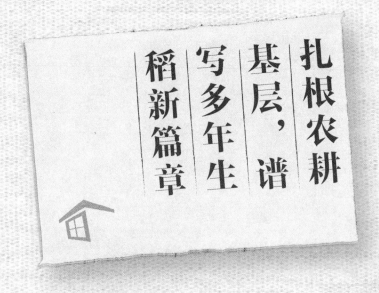

扎根农耕基层，谱写多年生稻新篇章

这一刻，稻田里所有人的脸上都挂着幸福的笑容，看着自己亲手栽种的水稻在自己的精心照顾下茁壮成长并获得丰收，这是发自内心的欢欣，瞬间觉得自己几个月以来的苦和累都是值得的，我想这大概就是属于我们种稻人的专属幸福吧。

——黑海冠男

黑海冠男，2021级，硕士研究生，专业：农艺与种业专业，研究方向：多年生稻秸秆腐化过程及供养能力。

初次听到"禾下乘凉梦"的时候，只觉得这是一位朴素老人最质朴的心愿，仿佛离自己很遥远，直到2021年9月进入云南大学农学院多年生稻课题组，才明白这不仅仅只是一个梦想，而是所有水稻人"心系天下，解民生之多艰"的崇高历史使命和责任。作为一名农艺与种业专业的硕士研究生，带着这样的使命开始了我与多年生稻的奇妙缘分之旅。

初识

在二月份的一个早晨初次来到科技小院，记忆中那时的天气仍有些清凉，我们一行人驱车来到曼拉村，车辆驶进静谧的村道，路上鲜有行人，田间劳作的两"三农"民偶尔抬起头，远远地望向我们。一切显得如此恬静美好，忽然给人一种岁月静好的惬意感，我欣赏着这样的风景，怀着既忐忑又期待的复杂心情开启了我的曼拉多年生稻科技小院的驻扎生活。

作为一个地地道道的北方人，对于水稻的认识仅仅停留在每天所食的米饭上，基本认识尚且不足，更遑论去研究水稻了。因此，当我如此近距离地看到稻田时，颇有一丝欣喜。然而并没有给我们过多时间的调整和适

科技小院里多年生稻发出的新苗

应，就开始了科技小院的忙碌生活。从灌水起垄，到插秧排秧，再到分蘖抽穗，跟随着多年生稻生长的脚步一路走来，我对多年生稻有了一个更加全面的认识和了解，水稻也已不仅仅只是存在于饭桌上的大米饭，它仿佛你的老朋友般诉说着生长中的不易和艰辛。春得一犁雨，秋收万担粮，因此，当你看到枯黄的稻桩中间开始弥漫一丛绿色，并逐步向外扩展，最终连成一片绿色海洋时，内心颇为震撼，这是生命的绿色，更是希望的绿色。

熟知

转眼间，时间来到九月，西双版纳的九月温度依然很高，走在田间的小径上放眼望去，稻田里已经变成一片金黄。当秋风吹拂双颊，黄澄澄的水稻轻轻摇曳，仿佛在诉说着丰收的喜悦，弯着腰，躬着背，低着头，它好像是谦虚的楷模，一股成熟的气息扑面而来，这一切都是神奇的大自然，精心用粗细不一的线条，五彩缤纷的颜料，勾画出一幅又一幅美得动人、色彩斑斓的图画，让人心旷神怡。这一刻，稻田里的所有人脸上都挂着幸福的笑容，看着自己亲手栽种的水稻在自己的精心照顾下茁壮成长并获得丰收，真是发自内心的欢欣，瞬间觉得自己几个月以来的苦和累都是值得的，我想这大概就是我们种稻人的专属幸福吧。

在科技小院的日子里，我感觉这就像是我们的家，充满着温馨与舒适，每个人都愿意为科技小院的发展奉献自己的力量，科技小院的生活也让我看到了大家的热爱，对科技小院的热爱，对多年生稻的热爱，以及对生活的热忱与期待，这是一段值得回味的生活，也将会是我人生路上最宝贵的财富之一。回想这段科技小院的生活，除了看到的美好，也带给我更多的思考与感悟。在农学科研的这条路上，必然不会是一帆风顺的，它充满着许多的苦和累，但只要我们褪去浮华，脚踏实地兢兢业业做好自己的工作，专注地朝着我们的目标前行，那么我们的付出终究会有收获，我们终究会实现"禾下乘凉梦"这一伟大梦想。

科技小院里黄澄澄的成熟稻穗（附彩图）

展望

　　"穷理以致其知，反躬以践其实"。作为一名农艺与种业的专业硕士研究生，除了掌握好专业的基础知识外，能够将理论与实践相结合也显得尤为重要，而广阔的稻田是授业的课堂，也是干事创业的舞台。通过曼拉科技小院，我们从书斋走向村庄，切实了解农业生产过程，从农民需求出发开展科学研究，并锻炼了吃苦耐劳、勤俭节约等优秀的精神品质，学会了如何进行良好的人际交往，提高了团结合作的意识，使自己的综合能力得到很大提升。同时，科技小院的驻扎生活也使我们清醒地认识到农业之路是一条充满挑战的路，我们要努力做到扎根大地、扎根基层，运用科学的方法帮助农民增产增收，真真切切将论文写在祖国的大地上。

结语

"纤纤不绝林薄成，涓涓不止江河生。"一代又一代的农业青年在科技小院成长，利用自己所学将科技和知识带到广大农村中去，因此我们更需要打磨自己，努力提升，为实现我国的乡村振兴，实现农业农村现代化贡献自己的微薄之力。

风吹稻香

第一次穿着水鞋，举步维艰，在田间走路像个老太太一样，好多次都差点摔倒。整田、划小区、起埂、施肥、插秧，这些都是我们要做的工作，尤其是插秧的时候，腰就没直起来过，手上也磨出了水泡，每天都忙忙碌碌，一身泥泞，晚上回去挨着枕头就能睡着，再也不会失眠，从来没有觉得这么累过。

——贾镇行

贾镇行，2021级，硕士研究生，专业：作物学，研究方向：氮素对多年生稻的影响。

依稀记得记忆中第一次看见水稻，是在2019年夏天，那时在浙江，当我和我哥从田边经过时，当时自己并不认识田里的作物，我问我哥那里面种的是什么，他说那是谷子，也就是我们吃的大米。作为一个河南人，终日吃面食，我当时恐怕怎么也不会想到自己后来会和水稻结下缘分。

2021年9月，我来到了云南大学，开启了我的研究生生涯，也是从这时起，我接触到了多年生稻。在我之前的认知中，如小麦、玉米、水稻这些作物，都是种一季之后就换其他作物轮作，比如我的家乡，每年冬小麦、夏玉米轮作，一年两熟；或者如东北那样一年一季，第二年重新栽种。我无法想象，为什么水稻也可以像韭菜一样，割一茬长一茬，如果作物都能这样，这或许会是农业发展史上的一个里程碑。且中国自古以来就以农立国，古时四个阶层，士农工商，农在国家的体系中占据了重要的位置。即使到了现在，农业仍占据举足轻重的地位，习近平总书记也不止一次地强调解决好"三农"问题的重要性，坚持把解决好"三农"问题作为全党工作的重中之重。

2022年2月20日，我第一次来到了曼拉村，早在之前，便听师兄师姐讲过这里的故事，如今，我也终于来到了这里。来到这里的第一印象，便是极具傣族特色的建筑，房屋错落有致，村民热情淳朴，风光秀丽，这些都深深地吸引了我，一个农村，竟也能建设得如此漂亮。也是在这里，我真正接触到了多年生稻，作为一个北方孩子，我对于这一切都是那么好奇。此时此刻，正是早稻插秧的时候，每天早早就要起床下田，晨兴理荒秽，带月荷锄归。第一次穿着水鞋，举步维艰，在田间走路像个老太太一样，好多次都差点摔倒。整田、划小区、起埂、施肥、插秧，这些都是我们要做的工作，尤其是插秧的时候，腰就没直起来过，手上也磨出了水泡，每天都忙忙碌碌，一身泥泞，晚上回去挨着枕头就能睡着，再也不会失眠，从来没有觉得这么累过。而这些对于农民来说，就是他们一生的写照，我钦佩他们，正是他们一双双粗糙的双手，造就了我们幸福的生活。我同样钦佩那些农业科研工作者们，他们亲自下田，实地考察，与农民同吃同住，了解农民想要的是什么，思考如何才能减轻农民的负担，提高农民的收入。

早稻收获的时候，是一年中最忙碌、也是最累的时节，我们一批十多个人，全部来收稻子，划测产小区，割谷子、抱谷子、脱粒、装袋，亲力亲为，大家累的时候只想躺在地头休息一下。但当看到谷子装满一个个袋子的时候，我觉得我的努力没有白费，之前的一切辛苦都是值得的，这就是我的成果，我的劳动果实，我没有白白来到这里。

曼拉多年生稻科技小院成熟的多年生稻

在曼拉科技小院，不光要有科研能力，也要有生活能力。我们住在村子里，生活上自己动手、丰衣足食，大家轮流值日，有的同学厨艺很好，有的同学却不会做饭，但无论做成什么样，我们都吃得很香。我也从刚开始只能洗个菜变成了现在可以炒两个简单的菜了。在这里我们就像是一家人，同吃同住、一起干活、一起嬉笑打闹，共同享受这里的生活。

不经一番寒彻骨，哪得梅花扑鼻香。只有经受了凛冽的寒冬，才能看到盛放的梅花。我们也是这样，如若不自己切身体会这些，经历这些，哪里会知道农业的艰辛，书本上学到的知识，终归要应用到实践当中，才会发挥出它应有的价值，而曼拉科技小院，正是给我们提供了这个机会。风雨之后见彩虹，只有经受住了风吹雨打，小树苗才能长成参天大树，我们也是这样，不经历挫折、磨难，又怎会成长呢？过程中或许很苦很累，但当这段时间过去之后，又何尝不是人生当中一道美丽的彩虹呢。

曼拉多年生稻科技小院的雨后稻田

春种一粒粟，秋收万颗子。现在这颗种子已经种了下去，我们或许只要多一点点耐心，便能看到遍地稻花香的景色了。

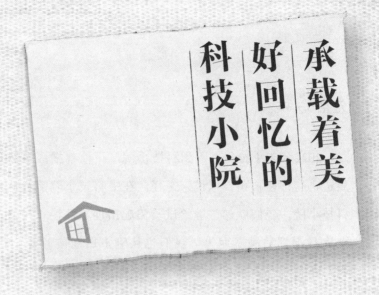

承载着美
好回忆的
科技小院

我从未后悔自己选择农艺与种业专业，科技小院作为理论与实践相结合的平台，使我找到了梦想与现实的支点，作为新农人，我将迎风漫步在沃野平畴。

——邹书

邹书，2021级，硕士研究生，专业：农艺与种业，研究方向：多年生稻稻田有机碳的变化特征及固碳潜力。

先苦后甜

2022年2月20日，刚到科技小院，正值春播，虽然我来自农村，村子周边也有许多稻田，但说来奇怪，在去科技小院前我从未见过插秧。刚到科技小院，我们就匆忙地给试验田起田埂、插秧。在稻田里忙忙碌碌，每个人身上都沾满了泥土。我们也从刚下田时的寸步难行，到后来健步如飞。在稻田里，我们头顶着太阳，燃烧着青春的能量，虽然累，但我们很快乐。这样的状态持续了一周，使我养成了早睡的习惯，每次躺在床上，眼睛一闭，醒来已是第二天清晨。经过多天的努力，科技小院的试验田已全部起好田埂，栽上秧苗，此时此刻，我们看着自己的劳动成果，那滋味很甜。插秧时，虽然咪头是主力，但作为多年生稻课题组的学生，我们都抢着去学插秧，没一会儿工夫，我们也成了插秧小能手。三月初，科技小院的宿舍还没装修完，我们就开始着急入住了。推开房门，没多想就开始打扫卫生、安装新床铺，躺在自己安装的床上，每个夜晚都睡得很安逸。之后，科技小院有了氛围良好的自习室；有了干净整洁的厨房；有了空旷舒适的阳台。现在的科技小院，真的像极了一个大家庭，老师和学生其乐融融。九月是丰收的季节，也是版纳多雨的季节。水稻熟了，田间割稻子的咪头，在路旁拉稻草的波头，以及路上打谷子的黄老师和我们，都在忙碌着，丰收的喜悦藏在内心，即使每个人都汗流浃背也不肯停歇。稻子打完时，远处的乌云向我们驶来，催着我们离开炙热的太阳躲进屋子里。暴雨过后，科技小院前出现双层彩虹，这应该是给勤劳农学人的一个奖励。

曼拉多年生稻科技小院雨后彩虹（附彩图）

着迷

三月，走在稻田里，仿佛能听到水稻分蘖新芽顶着老茎秆生长时发出的"咔咔"声响，似乎是多年生稻在向期待的春天呐喊，这也是多年生稻顽强生命力的象征，我沉醉在其中。六月的勐海，夜晚格外清凉，走在科技小院的田边，听着蛙声和虫鸣，微风拂过脸颊，带来阵阵稻香，不知道多久没有这样的感觉了。月白风清的夜晚，我会去稻田边逛逛，坐在看台的木板上，看着星空，这样的夜晚，让人心情放松。

科技小院看台

不舍

8月3日早晨，我们收拾行囊准备回学校进行课程学习，虽然不久后我将再次回到这里，但上车的那一刻，还是有些不舍。这半年里，有许多值得珍藏的美好记忆。有朝夕相处的热情村民，有每天和你讨论的可爱的"老波头"，还有曼拉科技小院这个大家庭。强烈的不舍将我带入了回忆，已经不知道是什么时候的事了。我来到田里，打球导致脚崴了，脚踝处还有点肿，老波头（岩花哈）看到我走路一瘸一拐，就上前问起了情况，我也如实回答。他顿时就起劲了，自信满满地说要给我治一下，保证第二天生龙活虎，一旁的另一个老波头（岩温陆）也附和着说："波头花哈是我们村最有名的傣医，村里的很多跌打损伤都是他治的，效果还挺好。"我真的很感谢他们对我的关心。回过神来，此时汽车已经发动，透过车窗看着小院里忙碌的波头和咪头，我闭上了双眼，期待着快些回到这里。

结语

我从未后悔自己选择农艺与种业专业，科技小院作为理论与实践相结合的平台，使我找到了梦想与现实的支点，作为新农人，我将迎风漫步在沃野平畴。

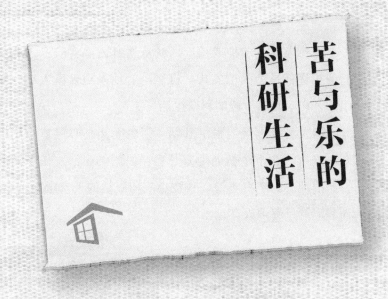

苦与乐的科研生活

不得不说，科技小院和西双版纳的天空融为一起，美得像一幅画，而我们就是画中人。

——刘永秀

刘永秀，2020级，硕士研究生，专业：农艺与种业，研究方向：多年生稻耐盐性评价及遗传改良。

世界上只有一种成功，那就是用自己喜欢的方式度过自己的一生。所有的相遇都是上天的安排，机缘巧合地来到云南大学，来到多年生稻课题组，开启了我不一般的科研生活。

初入科技小院的景洪基地，陌生而又小心翼翼，对周边的环境充满未知和好奇，在一个新的地方开启一段新的生活，认识新的人，这里，是梦开始的地方。不得不说，科技小院和版纳的天空融为一起，美得像一幅画，而我们就是画中人。

科技小院与天空美景

对于一个农学人来说，田间劳作可不能只有劳力才行，而是需要认真专注细致，田间的所有材料对我们每个人来说都至关重要。犹记得第一次下田插秧，连最基本的绑秧都不会，张老师站在我们面前，从头到尾给我们示范一遍，在田里做到真正的言传身教。我们在拔秧时，必须细致，田间编号必须和秧苗对应起来，不然错一步后面步步都错。插完秧之后全身是泥，但大家都丝毫不在意，这好像就是农学人该有的样子，最痛苦的莫过于第二天起床后的腰酸背痛，但依旧不影响我们新一天的劳作，有付出才会有收获，理论与实践相结合在我们身上体现得淋漓尽致。

科技小院队员田间劳作

　　四月份的西双版纳已经烈日炎炎，我们的杂交工作已经准备就绪了，我们的田间管理员玉姐带着我们去挖苗、做杂交、套袋，每一步都细心教导并且手把手教学，第一次挖苗的时候，感觉脚都在周围踩遍了，苗却还是挖不起来，果然很多事都是看起来容易做起来难，不过没关系，一遍不行，我们再来一遍，熟能生巧，后面挖苗就轻而易举了。杂交也是一个细致活，我们将选好的单穗用剪刀剪开，用专门的机器将花粉吸出，吸花粉要确保都吸干净，并且不能伤到柱头，吸完后要进行套袋，在正午花开时进行人工授粉。正午的太阳毒辣，我们的衣衫被汗水浸透，但当我们统计杂交的结实率时，这一点点辛苦仿佛不值得一提。

　　我的研究方向为多年生稻耐盐评价及遗传改良，通过对多年生稻进行盐胁迫处理，以耐盐品种和盐敏感品种为对照，研究不同NaCl浓度对多年生稻的影响，完成多年生稻的耐盐综合评价，发掘优异的耐盐多年生稻种质；以耐盐材料和盐敏感材料进行杂交、自交，对后代进行耐盐性筛选，培育耐盐性强的多年生稻新品系。

科技小院里多年生稻育种的杂交工作

　　第一次插秧、第一次播种、第一次下田，在田间走不稳险些摔倒的我，在全身上下都充满着泥以及拔不出水鞋的我，在经历了一系列田间劳作后，第二天腰酸背痛的我，这时候，科研生活是苦闷的。

科技小院队员自己亲手做的丰盛午餐

看着我们的水稻从种子到小苗再到成熟，这时候内心是充满自豪的；干完活饥肠辘辘的我们，手里拥有一盒饭菜、一瓶冰水，这时候内心是幸福的；三轮车上的我们，认真并快乐地在生活着，吹吹风，看看晚霞，这时候内心是快乐的。最重要的是身边遇到的可爱的人，一起干活、一起吃饭、一起逛超市、一起做饭、一起互相帮助、一起畅聊着未来，遇到困难时不是一个人、需要倾听时不是一个人、快乐生活时也不是一个人，所有的快乐和幸福都是我们，这时候，科研生活是快乐的。

科技小院，一个承载希望和梦想的地方，我们从这里启航，在这里生活、学习、成长，有良师、有益友。白天，我们田间劳作，夜晚，我们共同学习，遇到问题想方设法解决，遇到不懂的地方相互学习和讨论，不断进步，成为更好的自己。

我们的未来会在哪里，我们可以为我们的国家做些什么，这都是值得深思的问题。粮食安全是"国之大者"，悠悠万事，吃饭为大。而科技小院中培育的是乡村振兴的力量，我们不仅是农业里的学习者，更是农业里的服务者，只有深知农业的苦才能体会粮食的珍贵。我们要做新时代的践行者，从理论到实践、从自我做起，为农业发展贡献自己的微薄之力。

满满『稻』路『忆』

炎炎酷暑之下大家都很疲惫，但是大家又彼此齐心协力，彼此帮助，没有心灵鸡汤一般美丽语言的安慰，也没有喋喋不休的抱怨，有的只是简单地向对方递出一瓶矿泉水、一张纸巾，当一片片泛着金光的海洋变成了一排排稻桩的时候，也将意味着一年当中最辛苦的日子过去了，已然成为我们生活中的回忆，但是这种回忆始终刻在了我们的性格里、骨子里，它让我们变得坚强、执着，同时也让我们团结、凝聚在一起。

——王思来

王思来，2021级，硕士研究生，专业：农艺与种业，研究方向：以缓释肥为主体的施肥模式对多年生稻的产量和多年生性的影响。

秋天是丰收的季节，它是金色的，无边的稻田里，稻子成熟了，放眼望去，目之所及，满眼皆是令人心醉的金色波浪，在阳光的照射下，越发光彩夺目，好似满地黄金，微风袭来，稻香阵阵。在胡凤益研究员的带领下，多年生稻团队在曼拉基地创建了多年生稻科技小院，以科技小院为平台助推乡村振兴。一个院落，几间农房，小院虽小，背靠的是充满希望的田野，依托的是涉农高校的科技与人才培养的力量，孕育着广袤乡村美好的未来。

穷理以致其知，反躬以践其实。作为2021级农艺与种业专业的学生，我有幸在研究生新生入学之前就成为了多年生稻科技小院的一员，2021年8月15日我初次踏上了多年生稻茁壮生长的土地——云南大学元阳梯田试验基地。这不仅是我第一次接触多年生稻，也是第一次近距离感受梯田种植，老师和师兄们卷起裤脚，光着脚丫就在田里劳动，我们和当地人语言沟通存在一点障碍，所以大家更多的是靠边说边比画来传达信息，好似一个个被赋予了生命的稻草人。同样是抬谷子的这一任务，每个人都有自己的独特方法，有的背在背上，有的直接搂在怀里。在打谷机嗡嗡嗡的响声中，人们也使出浑身解数用行动来创造每一粒粮食，大家累了就在树荫下乘凉，有的和家人打电话，有的用手机分享着田里的农事活动，还有直接闭上眼睛打盹。

云南大学科技小院元阳试验站收谷子（附彩图）

2021年8月22日，科技小院元阳试验基地的谷子已经收获完成了，在与当地工作人员道谢之后我们就径直走上了去曼拉基地的道路。初次来到曼拉基地的我看着各式各样的试验田，随之而来的不仅是眼里数不胜数的田间小区，还有脑海里的十万个为什么。这里的日光相比梯田的没有那么的刺眼，反而多了一丝丝对人们的关怀，风中带来的稻香将我的思绪带入了"锄禾日当午，汗滴禾下土。谁知盘中餐，粒粒皆辛苦"的画面之中。来到这里的时候已经过了夏忙时节了，大家都在考种——对谷子数进行统计，然后得出一些需要的数据。白天我和师姐一起做着统计工作，接近饭点的时候就上去做饭，师兄师姐教了我一些做菜的技巧，比如如何进行肉类的腌制，如何在炒肉的时候让肉类始终保持鲜嫩的口感，大家一边做饭一边打趣。到了夜晚大家就抓住仅有的时间进行自我"补充"，有的学习英语，有的研究着数据分析软件的使用，有的在做运动，似乎白天被填满的农事活动让大家倍加珍惜夜晚的时间。接近9月份的时候我也准备开学了，在离开基地的时候师兄们对我说："回学校好好珍惜校园生活，那将会是另一种美丽的回忆。"

曼拉多年生稻科技小院的田园风光

在我还没有完全理解师兄的话语时，时光已悄然来到了2022年2月份，此时的我再次来到了曼拉基地，这边2月19日开始插秧。这次与我为伴的是基地里每日清晨的薄雾，夏日的酷热已了无踪迹，春日的生机正在蠢蠢欲动。这一次我将作为多年生稻科技小院真正的一员参与田间管理活动，一年前这里还是杳无人烟的安静村落，如今这里却成了网红打卡点，每天有大批游客蜂拥而至，曼拉村的点击量也在抖音上步步高升。

曼拉多年生稻科技小院游客旅游拍照

我们的科技小院是曼拉村的第一亮点，"云南大学试验站"七个大字吸引着人们纷至沓来，每天都有人向我们了解多年生稻，每当我们讲解完以后人家都对多年生稻另眼相看，甚至有的人说如果多年生稻能早出现几十年，可能现在人们的生活将是另一番景象，我脑海里回荡着一个声音：过去将永远是过往，我们要将未来牢牢地抓在手心里。

作为多年生稻科技小院的一员，我们每个人都承担着相应的研究工作，团队中有不同的研究方向，有关于米质、产量的研究，也有关于多年生稻与环境、多年生稻栽培方面的研究，我们的目的就是要让老百姓从传统的一年生水稻耕作模式中解脱出来，多年生水稻省去了很多传统的农事环节，比如：插秧、犁田耙田等，每年只需要按时施肥，管理病虫害即可。老师们已经获得了多年生稻的栽培专利，对多年生稻的栽培有着成熟的技术。

曼拉多年生稻科技小院施肥

春得一犁雨，秋收万担粮。时间来到了2022年7月，所谓稻花香里说丰年，不识人间七月天，同时也是师兄师姐口中的"黑色七月"，是一年中最忙最累的时候，在酷暑之下大家的脸上少了往日的光彩，细碎的汗珠与金黄色的谷粉占据了脸庞的中心，打谷机那熟悉的嗡嗡嗡声再次响彻田野，一粒粒稻谷争先恐后地装满麻袋，紧接着一袋又一袋地装满了大棚，最后装满的是我们的内心，虽然在炎炎酷暑之下大家都很疲惫，但是大家齐心协力，彼此帮助，没有心灵鸡汤一般美丽的语言的安慰，也没有喋喋不休的抱怨，有的只是简单地向对方递出一瓶矿泉水、一张纸巾，当一片片泛着金光的海洋变成了一排排稻桩的时候，也将意味着一年当中最辛苦

曼拉多年生稻科技小院谷子成熟

的日子过去了，已然成为我们生活中的回忆，但是这种回忆始终刻在了我们的性格里、骨子里，它让我们变得坚强、执着，同时也让我们团结、凝聚在一起。

　　未来我和我的科技小院还会有许多记忆，在这些记忆到来之前我会脚踏实地地走好当下的路，为的就是让我们的"稻路"越走越远。最后我用一句话致敬所有站在粮食安全第一线的农民伯伯："你们脸上的汗珠叫作辛苦，当它与大地融为一体的时候却叫作幸福。"

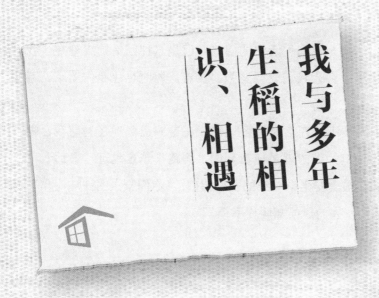

我与多年生稻的相识、相遇

从最初的起梗、插秧到最终收获的抱谷子、装袋，每个过程我们都参与其中。看到一袋袋充实的谷子，心中的自豪不由得涌现出来，所有的劳动与辛苦并没有白费。

——刘桄齐

刘桄齐，2021级，硕士研究生，专业：农艺与种业，研究方向：氮素对多年生稻根系形态结构及氮素利用的调控。

农业是我国的立国之本和文化之源。在先秦时代中国民间流传的《击壤歌》中"日出而作、日入而息。凿井而饮，耕田而食"更加说明了这一点。在农业发展途中，有这么一个字怎么也不能绕过，那就是"稻"！

我国是世界上最早种植水稻的国家，至今已经有一万年以上的水稻种植历史。江西万年县仙人洞与吊桶环遗迹、湖南道县玉蟾岩遗址以及浙江浦江县上山遗迹的考古研究证明，我们的祖先早在一万多年以前就已经开始驯化和栽培野生稻。围绕"稻"，各国各地的人们都形成了属于自己的文化、历史、美食。没有稻米也就没有这些精彩多样的文明。远到俄罗斯大地、地中海沿岸、拉丁美洲，稻米仍然扮演着重要的角色。

"稻"可道，非常稻。作为最重要的禾本科植物，人们对水稻的探索一直在进行着。在水稻育种历史中，一共经历了三次革命：矮化育种、杂交水稻育种以及超级稻。但此时这里的"稻"并不是指超级稻，也不是其他的水稻，而是多年生稻！多年生稻是云南大学胡凤益团队利用长雄野生稻地下茎无性繁殖特性成功培育的稻作新类型，种植一次可以连续收获多年多次，从第二年起，就不再需要买种、育秧、犁田耙田等生产环节，实现了稻作生产的节本增效。

最初我对于多年生稻还是持着怀疑的心态：这个世界上怎么会存在如此神奇的水稻，种植一年就可以连续收获多年。如果是真的，这又是怎做到的？恰好当时正值准备读研之际，怀着对多年生稻的期待，我义无反顾地加入了多年生稻这个大家庭。

2022年2月16日，我告别家乡，跨越4000公里来到了美丽的西双版纳云南大学曼拉田间试验站。在这里，道路整洁干净，一栋栋傣楼令人惊叹不已，绿化带以及房檐边的花卉姹紫嫣红，跟我所想象的农村寨子完全不一样。虽然并没有第一时间见到令我魂牵梦萦的多年生稻，但已令我产生不虚此行的感受。

曼拉多年生稻科技小院所在地——曼拉村一角

没过多久，便在黄老师的带领下见到了多年生稻的真正面目。果然如同他介绍的一样，只需种植一次，便可连续收获多年多季，省去了犁田等环节。

多年生稻老稻桩发芽

见到这一幕，我的内心是震撼的。在我看来，水稻的种植是烦琐而又劳累的，这也是水稻种植过程中不可避免的一部分。但是多年生稻的出现打破了我的固有思维，原来水稻种植也可以变得简单化。后来经过了解，多年生稻已在云南大面积试验示范推广，节本增效明显，产生了显著的经济、社会和生态效益。乡村振兴于2017年提出，在我看来乡村振兴绝不是喊喊口号、搞搞形式主义就能够做好的，而是要确确实实、脚踏实地地干出来。胡老师带领团队研发的多年生稻品种的出现正是一条乡村振兴的道路。我们要让农业成为有奔头的产业、让农民成为有吸引力的职业、构建一支具有开拓性的新型农民队伍，只有这样我们才能真正做到乡村振兴！

很幸运来到多年生稻这个大家庭，在这里不仅有解答疑难的老师、有亲如一家的同学，还有善良亲切的村民。我们一起劳作、一起交流学习。"锄禾日当午，汗滴禾下土"是我们从小便学会的诗歌，但我却从没亲身体验过"汗滴禾下土"的辛苦。到多年生稻科技小院的第二天，我第一次感受到了粮食的来之不易。在黄老师的带领下，我们一个个脱掉袜子换上水鞋。以前从没有下过田的我，从来没想过稻田是这么难走，走起路来摇摇晃晃，身上没过多久便沾满泥水，狠狠地摔倒在田里，引得附近的咪头哈哈大笑。在这欢声笑语中，我结束了下田的初体验，虽劳累但也充满了收获。从最初的起梗、插秧到最终收获时抱谷子、装袋，每个过程我们都参与在其中。看到一袋袋充实的谷子，心中的自豪不由得涌现出来，所有的劳动与辛苦并没有白费。我们能从书本学到很多理论，但只有经历过实践之后，才知道有些知识是书本上永远学不到的。科技小院带给我的不仅有知识的收获，还有生活经验的增长。作为多年生稻科技小院的一员，独立是最基本的要求。以往在家，衣食住行都有父母的帮助，从不需要自己过多操心。但到了科技小院，因为父母没在身边，所以所有的事情都需要自己亲力亲为。渐渐地，以前从不下厨房的我，现在也可以独立做上满满一桌的美食了。感谢在这期间各位老师以及同学们对我的包容。

我第一次做出满满的一桌菜

"人就像种子、要做一粒好种子"。在多年生稻科技小院度过半年的时光，我努力向各位老师以及同学学习，汲取阳光与水分，奋力向上生长，自己得到了充足的进步。从刚开始的懵懂、不知所措到现在的自信乐观，我不仅提高了自己的专业水平，还增强了与人交流的能力。未来的道路还很长，作为新时代的学农人，我要砥砺奋进，铿锵前行，为乡村振兴的实现贡献自己的力量。

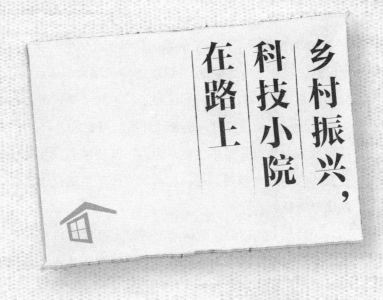

乡村振兴，科技小院在路上

　　科技小院虽小，背靠的是充满希望的田野，依托的是涉农高校的科技与人才培养力量，孕育着广袤乡村美好的未来。熟知科技小院，我默默在心里种下一粒种子，但愿耕耘后它能扎根田间，为科技小院、为国家燃起新的希望！

——白艺旋

　　白艺旋，2021级，硕士研究生，专业：农艺与种业研究生，研究方向：长雄野生稻地下茎在多年生稻培育中的应用。

"作为新中国培育出来的第一代学农大学生，我下定决心要解决粮食增产问题，不让老百姓挨饿。"这是1953年刚大学毕业的袁隆平先生于校门前立下的誓言。事实证明，他做到了，他的杂交水稻让我对水稻有了最初的认识。还记得选导师时，胡老师对我们的要求之一是要对多年生稻感兴趣，那是我第一次听说多年生稻。经过不断的学习，我对这个种一次可以收获多次的水稻越来越感兴趣。加入研究多年生稻这个大家庭，是我与科技小院缘分的开始。

2022年2月18日，我满心期待踏上高铁，出发前往勐海曼拉云南大学多年生稻科技小院。刚下高铁就感受到阵阵热浪，也让我感受到了西双版纳的热情。初识科技小院，一个傣族风情的吊脚楼，几间充满年代感的农房，乡野田间跃动着一群年轻的"播撒希望"的身影；云南大学农学院的研究生们，都带着相同的目的来到科技小院，把自己埋在泥土中，让多年生稻在这片土地上生生不息地生长。

二月下旬正好是多年生稻早稻插秧的日子。早就听说水稻稻田的各种"艰难险阻"，所以我提前就买好了筒靴、袖套和帽子等物品，准备将自己全副武装不受泥巴"侵袭"，但真正走进田里时，才发现水田的泥比我想象中的更软更难走，所以科技小院带给我的第一课是如何在田里来去自如。接下来的日子，我也从一开始辨不清秧苗与稗草到后来能够既快又准地拔秧；从一开始颤颤巍巍地在田里走路，拔腿需要手脚并用到后来能够端着秧苗在田里来去自如；从一开始的迷茫、惆怅和不知所学为何到后来坚定信念要在这块土地上深耕，这一路走来的酸甜苦辣只有自己能体会。被派驻到农业生产一线，不仅是将理论与实践结合起来，更要研究解决农业农村生产实践中的实际问题。同时科技小院不仅仅是对多年生稻的研究，更重要的是带动当地乡村振兴的步伐，培养更多创新型人才。

2017年在党的十九大报告提出乡村振兴战略思想，明确指出：农业农村农民问题是关系国计民生的根本性问题，必须始终把解决好"三农"问题作为全党工作的重中之重。乡村振兴的重点在于人才振兴，曼拉科技小院研究生培养模式正是强化产教融合育人机制、强化实践创新能力培养，让学生在实践中成长成才。我们在科技小院的学习实践中能更好地将科研与生产需求匹配，在生产一线，能发现当地生产的实际问题，针对问题寻找有效的解决办法，对症下药。这样的教育能更好地助农，所以，科技小院萌生的，是创新的人才培养模式。

"纸上得来终觉浅，绝知此事要躬行"。通过科技小院，我们从校园走向村庄，切实了解农业生产过程，从农民需求出发开展科学研究，并锻炼吃苦耐劳、认真好学等精神品质，存有扎根田野，心怀远方的志向抱负。通过科技小院这个平台，让自己所学的理论知识有地方发光放彩。很荣幸我能成为一名农学学子，也很荣幸我能成为科技小院这个大家庭中的一员，我们是田野大课堂的学习者、受益者，今后，我们也要成为乡村振兴的服务者、贡献者。

科技小院成为了政府、企业、学校与农民之间有效连接的纽带，四位一体服务，节约资源，提高产出与农民收入，最终达到互利共赢。科技小院虽小，背靠的是充满希望的田野，依托的是涉农高校的科技与人才培养力量，孕育着广袤乡村美好的未来。熟知科技小院，我默默在心里种下一粒种子，但愿耕耘后它能扎根田间，为科技小院、为国家燃起新的希望！

遇「稻」、知「稻」

水田虽然难走，只要多多练习，掌握其中精髓，在水田里也能健步如飞。拔秧虽苦，但是我却学会了如何分辨杂草和秧苗。

——唐思佳

唐思佳，2021级，硕士研究生；专业：农艺与种业；研究方向：长雄野生稻地下茎多年生性研究与应用。

2022年2月18日，我来到了西双版纳傣族自治州，这里有鳞次栉比的傣族建筑群落、干栏式的建筑，大量融合了傣族风情文化，还有浓浓的东南亚风情。我们的科技小院便是坐落于这样美丽的傣家小寨。我第一次踏进科技小院的大门，映入眼帘的是傣族别具一格的干栏式建筑——竹楼。楼近方形，上下两层，上层住人，下层无墙，可以晾物、纳凉。竹楼旁边就是我们的试验田，在这片试验田里，我第一次见到了多年生稻。

以一年生稻作生产为例，在稻作生产过程中，每年（季）都需要进行买种、育秧、犁田、耙田、移栽、田间管理、收获等生产环节，不仅花费大量的劳动力和劳动时间，还会加剧农田土壤的侵蚀和退化、水土流失等，带来一系列的环境问题。因此，胡凤益研究员团队研发了多年生稻技术，即在人工培育和自然生产条件下能利用地下茎正常萌发再生成苗从而实现多年种植的技术。多年生稻技术从第二年起，在稻作生产过程中便不再需要买种、育秧、犁田、耙田、移栽等生产环节，而只需要田间管理和收获两个生产环节，每亩可节约5～6个人的人工投入成本，减少了田间劳动强度、翻耕次数、用水量以及农药化肥施用量，是一项绿色生态轻简化的稻作生产技术。目前，胡凤益研究员团队已经建成了利用长雄野生稻地下茎无性繁殖特性培育多年生稻的框架，开始生产并推广以免耕技术为核心的多年生稻技术。2018年，联合国粮农组织（FAO）将多年生稻技术列为国际农业创新技术，并作为"南南合作"项目在非洲等地区加以应用。同时，多年生稻技术在云南已累计推广应用10多万亩，并在全国南方稻区以及"一带一路"倡议沿线南亚、东南亚国家等开始试验示范。此前，多年生稻试验就是在科技小院开展的。

在科技小院的生活不仅锻炼了我们的身体素质，还培养了我们独立生活、独立思考、解决问题的能力。还记得自己第一次下田，水稻田里很湿滑，土壤泥泞难于行走，水鞋都陷在泥里，走一步拔一下，短短十米我却走了几分钟。第一次拔秧、排秧、插秧，到了晚上腰都直不起来，十分酸痛。虽然很多第一次的经历看似痛苦，但是我们能学会苦中作乐，在实践中得到真知。水田虽然难走，只要多多练习，掌握其中精髓，在水田里也能健步如飞。拔秧虽苦，但是我却学会了如何分辨杂草和秧苗。插秧要注意深度和密度，最好有两只手指同时接触地面，不要向下插，而是横着贴，保证秧苗浅插又不飘苗。这些宝贵的经验都是在书本上学不到的。

除了培养自身独立解决问题的能力之外，在科技小院我还学到了团队协作。科技小院是我们共同生活和学习的地方，就像我们的家一样，我们平日里会共同维护好公共卫生，轮流安排值日。在每日的田间劳作中，大家也十分团结。当女生有无法承担的繁重农活时，男生会主动承担。大家通过分工合作的方式提高效率，圆满完成任务。这些都是我们科技小院团结友爱、互帮互助的体现。科技小院是一个友爱的大家庭，充满了爱和温馨。

背靠田野的科技小院依托的是涉农高校的科技与人才，孕育着广袤乡村美好的未来。在科技小院中成长的，是新时代知农爱农解决实际生产问题的新型人才。通过科技小院，我们拓宽了知识面，学会了将理论与实践相融合，将科研与生产相结合，努力争做把论文写在祖国大地上的实践者。

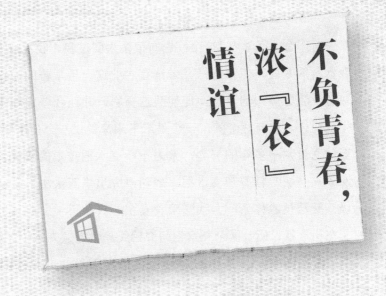

不负青春，
浓「农」
情谊

在田间，我也得以亲眼见到用来培育多年生稻的父本——长雄野生稻，从外观上看，它很高大，挖出来时，能看到它非常发达的地下茎，这是我从来没有见到过的，它的地下茎就像树根发达的根系一样，让它深深地扎根泥里，挺拔而健壮，支撑着我们的科研道路。

——袁圆

袁圆，2021级，硕士研究生，专业：作物学专业，研究方向：长雄野生稻早世代稳定现象及育种应用。

为什么选择学农？这个问题有很多人问过我，我不认为是因为生活或是我本科的专业，使我选择并继续在农业这一条辛苦的道路上走下去。我只知道，我曾怀揣的梦想，促使我选择它，并让我坚定地走下去。袁隆平先生曾说过，他有两个梦，一个是禾下乘凉梦，一个是杂交水稻覆盖全球梦。而他通过六十多年的努力，致力于杂交水稻技术的研究、应用与推广，发明"三系法"籼型杂交水稻，成功研究出"两系法"杂交水稻，创建了超级杂交稻技术体系，为我国粮食安全、农业科学发展和世界粮食供给做出了杰出贡献，使我国杂交水稻研究始终居世界领先水平。

我出身农村，从小就知道粮食来之不易，小时候学会的第一首诗是《悯农》，也亲身感受过"汗滴禾下土"的辛苦。记忆深处，在太阳下，父母黝黑的脸上尽是汗水。跟在地里的我们，听着父母孜孜不倦的教诲，希望我们好好念书，长大后不要再当农民，这个时候的我们总是希望快些长大，早日为家庭分忧。在确定研究方向时，我毫不犹豫地选择了水稻，是因为我从心底就喜爱它。第一次听到"多年生稻"，我把它想象成像果树一样，只需要种一次就可以多年收获，抱着莫大的兴趣，我来到了多年生稻课题组，在这里，我遇到了一群优秀的老师，在他们的悉心教导下，让我对未来的科研道路充满了期待，同时也很清楚前方的道路充满荆棘，但并不会因为前方的坎坷而惶恐退缩。

2022年2月18日，我们第一次前往多年生稻科技小院进行早稻试验，那天天很炎热，怀着忐忑的心情，到达试验基地，放眼望去，到处都是我们的试验田，大棚里有我们的实验材料，每一排的材料前面都插着对应的编号，整齐有序。清晨，天亮得很早，太阳在慢慢升起的同时，我们也开始行动了，老师带着我们去拔秧苗，给我们安排好每个人对应的区域，这样才不容易拔错。老师向我们演示如何拔秧苗、绑秧苗。我们将拔好的秧苗排好顺序，用小推车送到地里。师兄早在田里画好了田间小格，第一次看到的时候并不清楚这个格子的作用，后来师兄师姐按照田间小格将秧苗按顺序插在目标区域时，我们才渐渐发现，原来这一切是那么有规律。看到师兄师姐在地里健步如飞，好奇的我们也跟着下地了，但事实上，我们在地里很难行动，脚就好像被泥给粘住了，只能在边上看着。后面的几天，我们不断尝试，终于可以做到在地里自由行走了。虽然都是插秧，但与家里的插秧大不相同，家里的插秧季整个过程中，秧苗的品种都是同一种，这个时候，我才意识到，为了获得可以种植的优良水稻品种，前期原来需要经过这么多复杂的工序。在田间，我也得以亲眼见到用来培育多年生稻的父本——长雄野生稻，从外观上看，它很高大，挖出来时，能看到它非常发达的地下茎，这是我从来没有见到过的，它的地下茎就像树根发达的根系一样，让它深深地扎根泥里，挺拔而健壮，支撑着我们的科研道路。每一个优良品种的选育都隐藏着很多人的辛劳和汗水，我很期待某一天我的汗水也可以洒在这田间，为水稻产业贡献自己的力量。

2022年2月，科技小院田间试验画格子（附彩图）

2022年2月，科技小院田间排苗

2022年2月，科技小院田间送苗

　　"多年生稻科技小院"在践行过程中，始终保持"以立德树人为根本，以强农兴农为己任"的精神，紧紧围绕现代农业发展的目标，服务乡村振兴大局，因地制宜构建富有特色与充满活力的平台，发挥科技小院作用。在科技小院的生活中，我们既是农民也是学生，白天，在田里试验，晚上阅读文献，相互交流探讨，在实践中不断检验探索真理。这样的生活既有意义，又很充实，忙碌的生活中，不自觉地加深了我们彼此的亲密感，学农是辛苦而快乐的，握农具的双手，灵活地在田间行走，付出的是汗水，得到的是收获，是心灵上的莫大震撼，很荣幸作为农林学子，能够亲眼见证"多年生稻科技小院"的诞生与壮大。宝剑锋从磨砺出，梅花香自苦寒来，我们将撸起袖子，用实际行动彰显"强国有我"的青年风采，兑现"不负农来不负春"的青春誓言。岁月静好，不过是有人替我们负重前行，我迫切希望能成为负重前行的人，并为此付诸行动。

2022年2月，科技小院晚霞

2022年7月，科技小院晚霞

喜看稻菽
千层浪，
遍地英雄
下夕烟

多年生稻的推广应用也大大简化了农民生产的各个环节，让农民轻松增产增收。而我们作为新一代的农学学子，应该继承并发扬在科技小院学到的精神，努力学习，结合实践，真正深入田间地头为农民解决生产中的实际问题。

——高瀚

高瀚，2021级，硕士研究生，专业：作物学，研究方向：多年生稻落粒性遗传改良。

云南大学多年生稻科技小院是农业生产与科技成果完美的结合。利用当地得天独厚的气候优势助推多年生稻科研工作，将科研成果迅速转化，助力乡村振兴。

2021年7月，大学刚毕业的我主动向胡凤益老师申请，前往云南大学曼拉多年生稻科技小院学习。初到科技小院，在田间学习时，从未下过水稻田的我走起路来都磕磕绊绊，一不小心摔倒在田间更是司空见惯。但在热情开朗的师兄师姐和善解人意的老师的带领下，我很快就融入了基地的生活。我们每天白天一起下地干活，在田间地头实地观察学习水稻的相关知识，了解多年生稻与普通一年生稻的不同之处。胡老师还带领我们挖出了多年生稻的稻桩，仔细观察了多年生稻多年生性的生理来源——地下茎。多年生稻发达的地下茎真正让其实现了一种多收、生生不息。晚上，我们围坐在自习室阅读文献，互相交流一天的观察学习成果，在分享中互相学习，共同进步。在科技小院，胡老师不仅是一位老师，教给我们水稻和多年生稻的相关知识，他更像一位盼望子女成才的家长，教给我们很多生活必需的技能，帮助我们养成良好的生活习惯。胡老师以身作则下地实践，每天主持同学们交流学习，还亲自到厨房教我们做饭，真正做到了学术研究与基础实践相结合，为我们树立了良好的榜样。

离开基地的那天，看着夕阳下从田间归来的老师和师兄师姐，背后是一望无际的稻田在风中泛起层层波浪，我的心中浮现出了毛主席的诗句"喜看稻菽千重浪，遍地英雄下夕烟"。正是有了胡老师等农学人的牺牲付出，才探索出了科技小院这样产学研紧密结合的新型教学产研一体化模式。同时，多年生稻的推广应用也大大简化了农民生产的各个环节，让农民轻松增产增收。而我们作为新一代的农学学子，应该继承并发扬在科技小院学到的精神，努力学习，结合实践，真正深入田间地头为农民解决生产中的实际问题。

金黄稻田，在驻守中看见传承的光

在科技小院，你会看见"三人行必有我师"的谦逊，你会看见"绝知此事要躬行"的脚踏实地，你会看见"教育即生活，教育即生长，教育即经验改造"的探索与丰富。

——陈蕊

陈蕊，2021级，博士研究生，专业：保护生物学，研究方向：稻作资源多样性适应性。云南大学农学院团总支书记，专职辅导员。

夕阳西下，一抬头，太阳的余晖洒在整齐的稻田上，稻叶努力争取着一天最后的光照。猛然抬头的瞬间，额头的汗珠沿着湿漉漉的碎发滑进眼角，折射出更加绚丽的色彩，这是曼拉科技小院的一天。

在科技小院，你会看见"三人行必有我师"的谦逊，你会看见"绝知此事要躬行"的脚踏实地，你会看见"教育即生活，教育即生长，教育即经验改造"的探索与丰富。师者，所以传道、授业、解惑。扎根在云南边疆地区的曼拉多年生稻科技小院每天都以多样化的形式进行着传道、授业、解惑，传的不仅是以身作则的勤奋与严谨，更是坚持与创新；授的不仅是学位的知识与能力，更是在实际生活中解决问题的能力；解的不仅是眼前的迷茫困惑，更是人生旅途中的初心与使命，是授人以鱼不如授人以渔的理念。

科技小院以扎根农村的同学们为主体，以企业为支撑，以当地农民和村委会为重点，以农业技术为载体，集科研、教学、示范推广为一体。科技小院以培养研究生扎实的理论功底、实践技能、综合素质和实践创新能力为目的，充分结合研究生的个人兴趣与未来的发展需要，为研究生量身定制个性化的培养目标，这不仅能充分调动研究生在学习过程中的积极性，更能够有效地提高研究生的培养质量。同学们长期驻扎在生产一线，将学习的理论知识与农业实践相结合。在实践中提高了独立生活的能力、试验示范的能力、人际交往的能力，还能为农户提供生产技能的培训。除此之外，科技小院为"产、学、研"提供了有效途径，科技小院的学生长期驻扎在生产一线，了解生产中的问题和农户需求，这不仅为农资企业产品的研发和产品推广提供了便利条件，同时还可以针对生产中的问题为企业提供产品研发的建议，而企业研发的产品再通过科技小院的学生进行验证和改良，并通过科技小院进行示范推广。真正意义上实现了融教学、科研、技术推广为一体。

荣誉证书

CERTIFICATE OF HONOR

李凌宏、李军、詹俊彪、贺俊来、李昆翰、李高南、普新振、黄广一、凌霄同学：

你们的作品《多年生稻——中国粮食安全"新防线"》，在"俊发杯"第七届云南省"互联网+"大学生创新创业大赛中荣获：

金奖

指导老师：谢凤鑫、黄光福

特发此证，以兹鼓励！

主办：云南省教育厅
承办：云南大学
协办：俊发集团、云大启迪K栈众创空间、
云南省高等学校创新创业教育教学指导委员会

云南省教育厅

二O二一年十一月

获奖证书
Certificate of Award

授予：胡凤益、黄光福

第七届中国国际"互联网+"大学生创新创业大赛

优秀创新创业导师

主办单位：教育部、中央统战部、中央网络安全和信息化委员会办公室、国家发展和改革委员会、
工业和信息化部、人力资源和社会保障部、农业农村部、中国科学院、中国工程院、
国家知识产权局、国家乡村振兴局、共青团中央、江西省人民政府

承办单位：南昌大学、南昌市人民政府

中国国际"互联网+"大学生创新创业大赛组织委员会

二〇二一年十月

编号：2021200051

关于公示第三批全国农业专业学位研究生实践教育基地评审结果的通知

发布日期：2021-12-25　　浏览次数：2466

各培养单位：

为深入贯彻全国研究生教育工作会议精神，积极落实教育部 国家发展改革委 财政部《关于加快新时代研究生教育改革发展的意见》（教研〔2020〕9号）、国务院学位委员会 教育部《关于印发<专业学位研究生教育发展方案>（2020-2025）的通知》（学位〔2020〕20号）等文件精神，全国农业专业学位研究生教育指导委员会（以下简称"教指委"）组织开展了第三批农业专业学位研究生实践教育特色基地遴选工作。根据评选办法，各培养单位限额推荐32项，通过教指委秘书处形式审查有效材料32份。经部分教指委委员和领域分委员会专家回避式评审、教指委委员表决等程序确定拟推荐名单，共推选出特色实践基地8个，培育基地12个，现予以公示（详见附件）。

自公示之日起7日内（公示期为2021年12月25日至12月31日），任何个人（单位）如对公示的教育成果权属、申报材料真实性等持有异议，请以书面形式实名（单位名义需加盖公章）发送至教指委秘书处邮箱，秘书处负责处理异议和申诉。异议材料请写清异议内容，并提供支持异议的具体证据，以及异议者的工作单位、联系方式。

教指委秘书处联系方式：电话：010-62732630；邮箱：mae@cau.edu.cn。

附件：第三批全国农业专业学位研究生实践教育特色基地及培育基地公示名单

全国农业专业学位研究生教育指导委员会秘书处

2021年12月25日

附件：

第三批全国农业专业学位研究生实践教育特色基地公示名单

序号	实践基地名称	依托培养单位	实践基地负责人	评审结果	基地编号
1	黑土地保护与利用"梨树模式"实践教育基地	中国农业大学	李保国	特色基地	2021-NYTSJD-01
2	宁夏滩羊专业学位研究生实践教育特色基地	西北农林科技大学	王小龙	特色基地	2021-NYTSJD-02
3	华中农业大学-广西扬翔股份有限公司研究生实践教育基地	华中农业大学	彭贵青	特色基地	2021-NYTSJD-03
4	南京农业大学宿迁研究院实践教育特色基地	南京农业大学	章胜	特色基地	2021-NYTSJD-04
5	扬州大学·立华牧业研究生教育创新基地	扬州大学	刘岳龙	特色基地	2021-NYTSJD-05
6	东北农业大学与哈尔滨市农业科学院新农科建设协同育人创新基地	东北农业大学	于清涛	特色基地	2021-NYTSJD-06
7	华南农业大学-温普馆研究生实践教育特色基地	华南农业大学	钟国华	特色基地	2021-NYTSJD-07
8	山东农业大学畜牧学研究生联合培养基地	山东农业大学	刘方波	特色基地	2021-NYTSJD-08
9	浙江大学-嘉兴市农业科学研究院农业硕士专业学位研究生实践教育特色基地	浙江大学	程旺大	培育基地	2021-NYPYJD-01
10	沈阳农业大学-丹玉种业专业学位硕士研究生实践基地	沈阳农业大学	于海秋	培育基地	2021-NYPYJD-02
11	现代化大农业研究生培养创新实践示范基地	黑龙江八一农垦大学	杨克军	培育基地	2021-NYPYJD-03
12	江西上高水稻科技小院	江西农业大学	曾勇军	培育基地	2021-NYPYJD-04
13	江淮分水岭现代农业研究生实践教育基地	安徽农业大学	张子军	培育基地	2021-NYPYJD-05
14	青岛农业大学-青岛瑞滋集团有限公司专业学位研究生实践教育基地	青岛农业大学	任贻超	培育基地	2021-NYPYJD-06
15	多年生稻科技小院实践教育基地	云南大学	胡凤益	培育基地	2021-NYPYJD-07
16	长春国信现代农业科技发展股份有限公司	吉林大学	杨柏明	培育基地	2021-NYPYJD-08
17	北京首农畜牧发展有限公司奶牛中心	北京农学院	楚康康	培育基地	2021-NYPYJD-09
18	上海海洋大学农业硕士鄱蟹育种与生态养殖实践基地	上海海洋大学	葛永春	培育基地	2021-NYPYJD-10
19	天津科技大学农业硕士食品高新技术研究生实践基地	天津科技大学	周学晋	培育基地	2021-NYPYJD-11
20	广东天农食品集团股份有限公司	佛山科学技术学院	李华	培育基地	2021-NYPYJD-12

（扫一扫分享本页）

关闭窗口

长雄野生稻地下茎

科技小院风景如画

——拍摄于 2020 年 7 月 6 日，曼拉村

试验田收获

云南大学曼拉试验站

绿植覆盖率高、
环境优美的
"美丽乡村"

科技小院挂牌仪式

科技小院的育秧田

科技小院的田间试验

科技小院里黄澄澄的成熟稻穗

曼拉多年生稻科技小院雨后彩虹

云南大学科技小院元阳试验站收谷子　　　　2022年2月，科技小院田间试验画格子